新时代乡村振兴丛书

主　编◎王荣萍　李淑仪
副主编◎余炜敏　廖新荣

南方常见果树
营养需求与土壤管理技术

广东科技出版社
全国优秀出版社
·广州·

图书在版编目（CIP）数据

南方常见果树营养需求与土壤管理技术/王荣萍，李淑仪主编．—广州：广东科技出版社，2024.10
（新时代乡村振兴丛书）
ISBN 978-7-5359-8051-9

Ⅰ．①南… Ⅱ．①王…②李… Ⅲ．①果树—植物营养②果树—土壤管理 Ⅳ．①S660.6

中国国家版本馆CIP数据核字（2023）第013841号

南方常见果树营养需求与土壤管理技术
Nanfang Changjian Guoshu Yingyang Xuqiu yu Turang Guanli Jishu

出 版 人：严奉强
责任编辑：区燕宜　谢绮彤
封面设计：柳国雄
责任校对：李云柯　邵凌霞
责任印制：彭海波
出版发行：广东科技出版社
　　　　　（广州市环市东路水荫路11号　邮政编码：510075）
销售热线：020-37607413
https://www.gdstp.com.cn
E-mail：gdkjbw@nfcb.com.cn
经　　销：广东新华发行集团股份有限公司
排　　版：创溢文化
印　　刷：广州市东盛彩印有限公司
　　　　　（广州市增城区新塘镇上邵村第四社企岗厂房A1　邮政编码：510700）
规　　格：889 mm×1 194 mm　1/32　印张5.75　字数150千
版　　次：2024年10月第1版
　　　　　2024年10月第1次印刷
定　　价：33.00元

如发现因印装质量问题影响阅读，请与广东科技出版社印制室联系调换（电话：020-37607272）。

前言

我国水果种植总面积和总产量一直稳居世界第一,同时,果品的质量和产业化水平也在不断发展和提高。目前,水果产业已成为继粮食、蔬菜之后的第三大农业种植产业,是国内外市场前景广阔且具有较强国际竞争力的优势农业产业,也是许多地方经济发展的亮点和农民致富的支柱产业之一。

根据国家统计局的资料,截至2015年年末,全国水果种植(含瓜果)总面积达15.37万km^2,较"十二五"初期增加1.43万km^2,增长10.3%,年均增长1.6%。其中,园林水果种植面积达12.82万km^2,比"十二五"初期增加1.27万km^2,增长11.00%,年均增长1.62%。从全国园林水果种植面积的地区分布情况看,"十二五"初期面积在1万km^2以上的省依次为广东省、陕西省、河北省,"十二五"末期面积在1万km^2以上的省区依次为陕西省、广西壮族自治区、广东省、河北省。随着人们生活水平的提高,水果的消费量也在持续上升。2010—2016年,我国的水果消费量从2.13亿t增长到2.71亿t,共增长了27.23%,平均每年比上年增长4.08%。

尽管人们对水果的关注度日益增多,但在实际生活中,我国居民果蔬摄入不足仍是一大难题,尤其水果的日常摄取量只达到40.7 g。这就是说,我国居民实际水果摄入量仅达到膳食指南推荐标准(每天200～350 g)上限的11.6%。大数据分析同时显示,水果、蔬菜中富含多种天然营养素,与维护日常健康、预防慢性病息息相关。随着人们生活水平的提高及健康观念的改变,我国水果消费量可提高空间较大,水果消费结构更多元化。

无核黄皮（*Clausena lansium* 'Yunan Seedless'）是小宗水果，其除了鲜食外，还可以用来加工成干果，而且营养价值高并具有药用价值，因此深受消费者喜爱，是广东省的"名特优"水果之一。无核黄皮过去一直为小面积种植，直至进入21世纪，随着种植业结构的调整，其种植面积也在不断扩大。郁南县是中国无核黄皮发源地和中国无核黄皮之乡。2003年，郁南县已成为全国无核黄皮商品生产基地。目前，郁南县无核黄皮种植面积约19万亩（亩为非法定计量单位，1亩≈666.67 m^2），投产面积达16万亩，产量近10万t，产量、销售量均居全国首位。

柑橘（*Citrus reticulata*）是一种全球性的重要经济作物，是我国四大果树之一。在广东省，柑橘是种植面积最大的水果品种，目前种植面积达435万亩，年产量达378万t。柑橘包括了橘、柚、橙、柑。

橘以沙糖橘种植面积最大。沙糖橘又名十月橘，据《广东柑橘志》记载，沙糖橘是柑橘属柑橘亚属甜丹橘品种群中的一个品种，是国内柑橘类产品中优良品种之一，占广东省柑橘种植总面积（365万亩）的50%以上，是目前广东省发展最快、栽培面积最大、总产量最高的橘类名优品种，是广东省果业中的一大产业。郁南县有6个沙糖橘专业镇和60多个沙糖橘专业村，种植面积达28万亩，已投产约25万亩，产量超过10万t，为中国沙糖橘产业龙头县。

广东省种植的柚子以沙田柚、蜜柚等为主。沙田柚（*Citrus maxima* 'Shatian Yu'）是广东省的"名特优"水果之一，是果品中的一颗璀璨明珠，它营养丰富、果实大、耐贮藏（有"天然水果罐头"的美誉）、易运输、适应性广，由于其独特的风味而深受国内外消费者的喜爱。沙田柚是我国栽培面积最大、产量最多、分布最广的柚类良种。截至2014年，全国柚子种植面积达150万亩，广东省达60万亩（其中红肉柚达20万亩），产量居全国首位。沙田柚近年来在梅州市的种植面积达31.5万亩，占了全国种植面积的1/9，其产量更是占了全国沙田柚总产量的1/3。梅州沙田柚成了梅州市的支柱产业之一。

本书着重讨论无核黄皮、沙糖橘、沙田柚这3种南方常见果树的营养与施肥问题。

针对上述3种果树如何合理施肥的问题，本研究团队依托广东省科学院重大农业项目，中国科学院地方合作基金项目，广东省自然科学基金项目，广东省科技创新百项工程项目，广东省农业攻关、星火计划、科技推广计划等广东省财政科技项目，开展了无核黄皮、沙糖橘、沙田柚的营养与施肥技术研究，以及红壤磷肥防固定途径等内容的一系列研究，较系统地探讨了广东省无核黄皮、沙糖橘、沙田柚果园的土壤养分供应规律、营养需求规律、磷素活化效果及其对果树生长和果品产量的影响等，并提出了相应的营养调控施肥技术措施。

本书是上述科研工作的系统总结，可供水果生产、科研、教学和管理等相关人员参考。希望通过对一系列科研成果的系统总结，为广东省水果产业理论和生产的持续发展尽绵薄之力。

感谢广东省科学技术厅、广东省科学院等对有关项目研究的资助。此外，对为本书提供有关帮助的领导、同事、同行、朋友等表示衷心感谢，以及感谢许建光、罗小玲、王序桂、张永起、邵鹏等研究生同学的辛勤劳动。

撰稿人及撰写篇章：

王荣萍：全书统稿，第二章和第三章（合写）。李淑仪：第一章至第六章（合写）。余炜敏：第一章和第六章（合写）。廖新荣：第四章和第六章（合写）。

目录
Mulu

第一章　广东省东西两翼果园土壤养分特征 / 001
　一、代表性果园土壤养分状况 / 004
　二、果园土壤养分的主要障碍因素 / 019
　三、原产地与非原产地沙糖橘果园土壤的农业地质环境比较 / 020

第二章　无核黄皮的营养需求特点与营养调控 / 027
　一、无核黄皮的营养需求 / 028
　二、无核黄皮营养调控 / 042
　三、无核黄皮专用肥研制及中试效果 / 058
　四、小结 / 062

第三章　沙糖橘的营养需求特点与营养调控 / 065
　一、沙糖橘的营养需求 / 066
　二、沙糖橘营养调控 / 075
　三、郁南县沙糖橘与四会市原产地沙糖橘品质比较 / 088
　四、小结 / 090

第四章　沙田柚的营养需求特点 / 093
　一、沙田柚的营养需求 / 094
　二、沙田柚营养元素间的相互关系 / 100
　三、沙田柚营养元素含量的季节性变化 / 101
　四、沙田柚矿质元素含量与果实品质的相关性 / 112
　五、沙田柚对营养元素的需求量测算 / 121

第五章 沙田柚结果树的营养调控与营养管理 / 123

一、叶面肥对沙田柚树体营养、果实品质、产量的效应 / 124

二、活化磷肥对柚树的影响 / 128

三、柚树行间间种作物对提高土壤养分、改善柚园小区气候及其作为有机肥源的效果 / 135

四、在不同时期施用有机肥效果比较 / 139

五、使用不同配方肥对沙田柚产量和品质的效果 / 143

第六章 无核黄皮、沙糖橘和沙田柚的营养管理技术规程 / 153

一、无核黄皮施肥技术规程 / 154

二、沙糖橘施肥技术规程 / 159

三、沙田柚优质高产的土壤改良与施肥及修枝剪梢技术 / 163

参考文献 / 173

第一章
广东省东西两翼果园土壤养分特征

果园土壤特性对果树根系生长和养分供应的影响极为重要，矿质营养元素是果树生长、产量形成和品质提高的物质基础，土壤养分与树体和果实的养分转化、果实的产量和品质有密切关系。果树在生长发育和产量形成过程中，必须从果园土壤中吸收水分和养分，才能合成和贮藏有机营养物质，因此果园土壤的理化性质对果树的生长和产量有重要影响。现以试验区土壤为例进行讨论，虽然样本不算多，但试验区选择的是有代表性的果园，因此这些检测结果也能反映出广东省东西两翼果园土壤的养分供应特征。希望通过研究广东省东西两翼几种果树的果园土壤养分特征，为果树科学施肥提供理论依据，从而促进水果产业研究开发及其可持续发展。

本章对土壤的养分评价是根据表1-1至表1-4的指标进行的（本书表格、图片中的元素均用元素符号表示）。

表1-1 旱地土壤一般养分含量分级

分级	有机质/ (g·kg⁻¹)	全量养分/ (g·kg⁻¹)			速效养分/ (mg·kg⁻¹)				
		N	P	K	N	P	K	Ca	Mg
很高	>40	>2	>2.2	>25	>150	>20	>160	>1 000	>300
高	25~40	1.5~2	1.4~2.2	16~25	120~150	10~20	100~160	700~1 000	200~300
中	15~25	0.75~1.5	0.9~1.4	12~16	60~120	5~10	60~100	500~700	100~200
低	10~15	0.5~0.75	0.4~0.9	8~12	30~60	3~5	30~60	300~500	50~100
很低	<10	<0.5	<0.4	<8	<30	<3	<30	<300	<50
临界值	10	0.75	0.9	9	60	5	60	400	100

数据来源：全国土壤普查办公室，1992，《中国土壤普查技术》，农业出版社。
鲁如坤，2000，《土壤农业化学分析方法》，中国农业科技出版社。
沈善敏，1998，《中国土壤肥力》，中国农业出版社。

表1-2 土壤有效微量元素含量分级

分级	微量元素/(mg·kg^{-1})					
	B	Mo	Zn	Cu	Fe	Mn
很丰	>2	>0.3	>5	>6	>30	>5
丰	1~2	0.2~0.3	3~5	4~6	20~30	3~5
适中	0.5~1	0.15~0.2	1.5~3	2~4	10~20	2~3
缺	0.25~0.5	0.10~0.15	1.0~1.5	1~2	5~10	1~2
很缺	<0.25	<0.1	<1	<1	<5	<1
临界值	0.5	0.15	1.5	2	10	2

数据来源：鲁如坤，2000，《土壤农业化学分析方法》，中国农业科技出版社。
沈善敏，1998，《中国土壤肥力》，中国农业出版社。

表1-3 土壤酸碱度分级

级别	强酸性	酸性	弱酸性	中性	碱性
pH	<4.5	4.5~5.5	5.5~6.5	6.5~7.5	>7.5

数据来源：广东省土壤普查办公室，1993，《广东土壤》，科学出版社。

表1-4 柑橘园土壤有效养分诊断参考指标   单位：mg/kg

有效养分	缺乏	低量	适量	过量	提取方法
碱解氮（N）	<50	60~80	100~200	>300	—
有效磷（P$_2$O$_5$）	<50	60~90	100~200	>300	0.5 mol/L NaHCO$_3$
速效钾（K$_2$O）	<50	60~100	150~450	>500	
有效钙（Ca）	<50~70	100~500	1 000~2 000	>3 000	1 mol/L NH$_4$OAc（pH=7）
有效镁（Mg）	<50	60~140	150~300	—	
有效硫（S）	<10	10	12.4~16.1	—	0.016 mol/L KH$_2$PO$_4$

一、代表性果园土壤养分状况

（一）同一果园不同土层的根际土壤养分差异

表1-5展示了梅县丙村镇2个不同管理水平果园中不同树性的2层根际土壤的养分分析结果，可以看出同一果园不同土层的根际土壤之间，土壤养分属性有较大差异。无论什么土壤母质、什么树龄、什么树性，下层土壤的pH、有机质、全氮、全磷、全钾、速效氮、有效磷、有效镁基本低于上层土壤，而下层土壤高于上层土壤的养分主要有有效铁，其他养分则无一定规律性。综合来看，2个果园不同树性的根际土壤之间，土壤养分属性并没有规律性差异。

（二）不同果园土壤的养分差异

梅县16个镇23个有代表性的沙田柚果园土壤的调查采样检测分析结果列于表1-6；郁南县7个有代表性的沙糖橘果园的土壤分析结果列于表1-7；郁南县13个有代表性的无核黄皮果园的土壤分析结果列于表1-8。表1-5至表1-8的调查结果显示，几种果树的果园土壤的发育母质主要为砂页岩、河流冲积物、花岗岩几种。这些分析结果与表1-1至表1-4的分级标准比较显示，东西两翼果园土壤主要呈酸性，全量养分和速效养分含量较低，比较贫瘠。

第一章 广东省东西两翼果园土壤养分特征

表1-5 梅县丙村镇2个不同管理水平果园中不同树性的2层根际土壤基本性质

地点	土壤母质	树性	深度/cm	pH(H₂O)	有机质(g·kg⁻¹)	全量养分(g·kg⁻¹)			速效养分(mg·kg⁻¹)								
						N	P	K	N	P	K	Ca	Mg	Fe	Mn	Cu	Zn	B	Mo
白沙坪园	砂页岩	正常(6年)	0~50	7.3	14.3	1	0.4	5.3	41.1	25	90	1 327	141.6	10	34	痕量	痕量	0.78	0.142
			50~80	6.4	3.5	0.42	0.24	4.3	23.8	17.9	310	1 622	101.6	15	135	1	4	0.53	—
		退化(6年)	0~50	5.5	11.7	0.95	0.42	4.9	51.2	58.3	198	2 218	218.6	25	388	2	10	0.42	0.128
			50~80	5.5	8.8	0.42	0.88	4.3	52.5	76.7	93	1 861	111.6	38	135	1	7	0.66	—
横石园	河流冲积物	正常(11年)	0~50	6.8	20.1	1.04	1.3	8.3	81	483	756	1 718	124.4	26	459	7	132	1.58	1.612
			50~80	4.7	8.5	0.92	0.34	8.6	74	5.16	48	836	90.1	21	136	1	3	0.49	—
		退化(11年)	0~50	7.5	16.6	1.24	0.99	9.4	58.9	330	273	1 999	135.8	10	359	6	45	0.65	1.434
			50~80	7.1	4.8	1.23	0.24	8	45.7	27.4	578	4 912	123.4	24	148	1	4	1.23	—
临界标准				—	10	0.75	0.9	9	60	5	60	400	100	10	2	2	1.5	0.5	0.15

注：①土壤采集方法为在多株树的树冠滴水线下四周分层取根际土壤。
②管理水平高的横石园，按沙田柚的物候期每年陈施用约12 kg碳铵，5~6 kg过磷酸钙和12 kg氯化钾或硫酸钾等化肥外，还施用约10 kg的花生麸和150~200 kg的人尿液肥；白沙坪园管理质粗放，等优质有机肥，施肥水平较低，偏施氮肥。

表1-6 梅县23个代表性沙田柚果园的土壤养分基本情况

统计项	pH(H₂O)	有机质(g·kg⁻¹)	全量养分(g·kg⁻¹)			速效养分(mg·kg⁻¹)								
			N	P	K	N	P	K	Ca	Mg	Fe	Mn	Cu	Zn	B	Mo
平均值	5.7	12.3	0.87	0.52	7.3	60	38.4	141.6	1 080.9	88.5	57.7	136.7	3	16.8	0.6	0.41
标准差	0.88	4.2	0.26	0.32	2.7	16.4	99.1	155.6	1 084.7	52.5	47.1	154.3	2.1	34.9	0.39	0.56
最小值	4.5	3.5	0.42	0.24	4.3	23.8	0.22	35	43	5.63	10	6.25	0	0	0.18	0.1
最大值	7.5	20.8	1.24	1.3	12.4	92.6	483	756	4 912	218.6	138	459	7	1 320	1.58	1.61
观测数	33	33	14	14	14	33	33	14	24	24	14	14	14	14	14	10

表1-7 郁南县7个代表性沙糖橘果园土壤基本情况

采样地点	果园母质	地形	种植时间	pH (H₂O)	全量养分/(g·kg⁻¹)					速效养分/(mg·kg⁻¹)									质地名称
					有机质	N	P	K	N	P	K	Ca	Mg	S	B	Cu	Zn	Fe	Mn	
桂圩桂连村		水田	1998年	4.8	18	0.79	1.07	22.9	100.4	251.2	219.9	279	45.7	21.5	0.22	3.13	5.98	7.4	10.4	砂壤土
桂圩大岗村	砂页岩	坡地	2002年	4.5	23.3	1.07	0.34	9.5	101.7	13.1	96.9	79	23.1	101.6	0.23	1.72	2.56	9.4	16.3	黏土
平台万垌村		水田	2001年	4.8	23.5	1.31	0.55	14.2	137.1	58.7	94.9	315	25.9	49.6	0.28	2.01	4.46	16.9	24.1	砂质黏土
平台水台村		山坑田	2001年	4.5	28.5	1.57	0.84	4.8	109.9	23.7	199.9	301	56.3	116.2	0.53	4.24	1.56	21.8	38.8	粉砂质黏土
都城古丰村	花岗岩	坡地	2002年	4.4	18.8	0.8	0.16	8.5	70.9	2.17	79.9	29	7.9	61.5	0.15	1.47	0.85	24.7	2.1	粉砂质黏土
都城富窝村		水田	2000年	5.7	19.3	0.97	1.15	19.7	100.3	163.9	234.9	595	240	76.4	0.61	3.93	3.48	4.47	8.9	黏壤土
平台古勉村	砂页岩	坡地	2004年	4.6	25.2	1.26	0.12	2.6	156	51.6	205	408	71.3	—	3.16	0.7	9.38	20.57	6.6	黏土
临界标准			—	—	10	0.75	0.9	9	60	5	60	400	100	10	0.5	2	1.5	10	2	—

表1-8 郁南县13个代表性无核黄皮果园土壤基本情况

采样地点	果园母质	地形	种植时间	pH (H_2O)	有机质/ (g·kg^{-1})	速效养分/ (mg·kg^{-1})							质地名称
						N	P	K	Ca	Mg	Cu	Zn	B	
十二岭新城村	砂页岩	山坡地	2001年	4.1	27.6	65.1	0.37	68.7	185.6	8.4	0.32	0.55	0.17	黏土
十二岭农科所	砂页岩	鱼塘边	2003年	4.9	19.6	89.5	63.2	43.5	571.9	76.3	1.86	5.52	0.18	黏土
十二岭果场	砂页岩	坡脚	1990年	6.5	36.2	153.2	154.7	254.4	1 976.3	259.2	4.39	86.58	0.36	黏土
建城便民村	冲积地	水田改种	2001年	5.1	10.9	45.1	60.6	140.1	750.1	90.6	2.06	2.4	0.22	粉砂质黏壤土
波波园	砂页岩	山坡地	2004年	4.5	17.5	48.7	0.28	27	43.9	10.2	0.64	1.06	0.1	黏土
海日园试验区	砂页岩	山坡地	2001年	4.6	24.9	108	2.9	115.9	73.7	10.6	0.6	1.88	0.16	黏土
梁园	砂页岩	山坡地	2001年	4.6	25.4	99.5	0.47	112.9	41.3	12.5	1.31	1.38	0.12	黏土
陈园	砂页岩	山坡地	2001年	4.5	18.9	82.3	17.1	79.97	270.6	36.3	0.95	2.59	0.2	黏土
麦园	花岗岩	山坡地	2003年	4.5	21.7	99.2	0.9	29.98	57.3	6.1	0.27	0.89	0.086	黏土
海日园示范区	砂页岩	山坡地	2001年	5.3	26.4	88.7	14.4	84.97	633.1	63.4	0.93	5.55	0.21	黏土
黄园	砂页岩	坡脚	1991年	6.9	21.4	101	65.72	179.94	1 662.7	145	11.4	0.58	0.21	黏土
谢园	砂页岩	山坡地	2001年	4.7	26.1	102.5	3.7	49.98	106.9	9.1	1.41	3.56	0.16	黏土
陆一陈园	砂页岩	水田改种园	2002年	5.3	30.2	143.4	96.1	129.95	545.9	61.6	6.01	9.31	0.22	粉砂质黏壤土
临界标准	—	—	—	—	10	60	5	60	400	100	2	1.5	0.5	—

1. 土壤有机质

有机质是土壤的重要组成部分，在土壤肥力和植物营养中起着重要的作用。土壤有机质在土壤肥力构成中的作用是多方面的，它既是植物所需养分的源泉，又可改善土壤的物理化学性质。在一般情况下，土壤有机质含量的高低，将反映土壤肥力水平的高低，因此，土壤有机质是评价土壤肥力的重要指标。

表1-5至表1-8的代表性果园土壤分析结果与表1-1的标准比较显示，粤东梅县沙田柚果园的土壤有机质含量为3.5~20.8 g/kg，平均含量为12.3 g/kg，处于中等偏低水平；粤西郁南县沙糖橘果园的土壤有机质含量为18~28.5 g/kg，平均含量为22.4 g/kg，总体上处于中等水平；郁南县无核黄皮果园的土壤有机质含量为10.9~36.2 g/kg，平均含量为23.6 g/kg，也是中等水平。粤西和粤东3种果园的土壤有机质含量大小为：粤西无核黄皮果园＞粤西沙糖橘果园＞粤东沙田柚果园。

2. 土壤氮素

氮素是植物生长发育所必需的营养元素，是构成蛋白质的主要成分。在植物体中，氮是不可缺少的组成部分，因为氮是植物体内许多重要有机化合物的组分，蛋白质、核酸、叶绿素、维生素、生物碱和一些激素等都含有氮素。柑橘植株的氮素营养状态和同化利用能力，直接影响其生长发育。土壤全氮含量是评价土壤肥力的一项重要指标。一般耕地土壤普遍缺氮，氮是农业生产的主要限制因子。增施有机肥和合理施用化学氮肥，培育土壤氮素肥力，可充分发挥作物的增产效能，也是发展农业可持续生产的主要途径之一。

土壤全氮包括有机态氮和无机态氮两部分，而绝大部分以有机态氮的形态存在。

根据表1-5至表1-8的代表性果园土壤分析结果，粤东梅县沙田柚果园土壤全氮含量为0.42～1.24 g/kg，平均含量为0.87 g/kg；粤西郁南县沙糖橘果园土壤全氮含量为0.79～1.57 g/kg，平均含量为1.11 g/kg。根据《中国土壤普查技术》标准，所分析的果园中，土壤全氮水平主要在中等至偏低水平（<1.5 g/kg），达到高水平的只有平台水台村的果园（1.57 g/kg）。

土壤碱解氮亦称土壤有效氮，它包括无机矿质氮和部分有机物质中易分解的、比较简单的有机态氮，是铵态氮、硝态氮、氨基酸、酰胺和易水解的蛋白质氮的总和。土壤碱解氮能反映出近期内土壤氮素的供应状况。分析结果显示，粤东梅县沙田柚果园土壤碱解氮含量为23.8～92.6 mg/kg，平均为60 mg/kg；粤西郁南县沙糖橘果园的土壤碱解氮含量为70.9～156 mg/kg，平均含量为110.9 mg/kg；粤西郁南县无核黄皮果园的土壤碱解氮含量为45.1～153.2 mg/kg，平均含量为94.3 mg/kg。根据表1-4柑橘园土壤的参考指标，粤东梅县沙田柚果园的土壤碱解氮含量绝大部分在适量水平以下，即低量；而粤西郁南县沙糖橘山地果园（都城古丰村联城果园）的土壤碱解氮含量处于低量水平，其余果园的土壤碱解氮含量处于适量水平；粤西郁南县无核黄皮果园的土壤碱解氮，13个代表性果园中有3个处于低量水平，5个介于低量与适量的范围间，5个管理水平较高的果园达到适量水平。粤西和粤东3种果园的土壤碱解氮含量大小为：粤西郁南县沙糖橘果园＞粤西郁南县无核黄皮果园＞粤东梅县沙田柚果园。

3. 土壤磷素

磷是植物生长发育不可或缺的营养元素之一，它既是植物体内许多重要有机化合物的组分，同时又以多种方式参与植物体内各种代谢过程。磷对作物高产及保持品种的优良特性有明显作用。

土壤全磷含量受母质、侵蚀、成土过程和耕作施肥的影响。土壤全磷即磷的总储量，包括有机磷和无机磷两大部分。无机磷中以难溶性磷酸盐（磷酸铁、磷酸铝、磷酸钙等）为主；有机磷以卵磷脂、核酸、磷脂为主；还有少量吸附态和交换态磷酸盐。土壤全磷含量并不能作为土壤磷素供应水平的确切指标，这是因为土壤中的磷素大部分是以迟效性状态存在的，而且土壤中的有效磷含量和全磷含量往往并不相关。虽然土壤全磷含量高时并不意味着磷素供应充分，但土壤全磷含量低时，却可能意味着磷素供应不足。

粤东梅县沙田柚果园的土壤全磷含量为 0.24~1.3 g/kg，平均含量为 0.52 g/kg；粤西郁南县代表性沙糖橘果园的土壤全磷含量为 0.12~1.15 g/kg，平均含量为 0.6 g/kg。根据《中国土壤普查技术》标准，其中水田改种的几个老果园（梅县横石园 2 个果园、郁南县都城富窝村和桂圩桂莲村 2 个果园）全磷含量较高（分别为 1.3 g/kg 和 0.99 g/kg、1.15 g/kg 和 1.07 g/kg），达到中等水平，其余 5 个偏低（梅县 3 个在 0.4~0.88 g/kg，郁南县 2 个在 0.55~0.84 g/kg），5 个在极缺乏以下（梅县 3 个在 0.24~0.34 g/kg，郁南县 3 个为 0.12~0.34 g/kg）。

土壤有效磷包括土壤溶液中和土壤胶体表面的无机磷酸离子（主要以 $H_2PO_4^-$ 及 HPO_4^{2-} 存在）及可溶性有机态磷。土壤有效磷水平是直接决定土壤磷素供应能力、影响果园产量水平的一项指标，也是磷肥施用最基本的依据。土壤有效磷是土壤有效养分中变化最大、最敏感的一个指标。

粤东梅县沙田柚果园的土壤有效磷含量为 0.22~483 mg/kg，平均含量为 38.4 mg/kg；粤西郁南县代表性沙糖橘果园的土壤有效磷含量为 2.17~251.2 mg/kg，平均含量为 80.6 mg/kg；粤西郁南县无核黄皮果园土壤有效磷含量为 0.28~154.7 mg/kg，平均含量为 36.9 mg/kg。不同果园尤其是不同施肥水平的果园之间，土壤有效磷含量差异很大。根据表 1-4 对柑橘园土壤的参考指标，水田改种的几个老果园的土壤有效磷水平较高，其中，梅县横石园2个沙田柚果园（有效磷为483 mg/kg和330 mg/kg）达到过量水平；郁南县桂圩桂莲村和都城富窝村2个沙糖橘果园（有效磷分别为251.2 mg/kg和163.9 mg/kg），以及十二岭果场和陆-陈园2个无核黄皮果园（有效磷分别为154.7 mg/kg和96.1 mg/kg）较为适量。除此之外，其余的在低量水平及低量水平以下（<90 mg/kg），其中，粤东梅县沙田柚果园只有1个为低量（60～90 mg/kg），其他绝大部分果园在缺乏水平（<50 mg/kg）；粤西郁南县沙糖橘果园有3个（其中2个为坡地果园）在缺乏水平（<50 mg/kg）；粤西郁南县无核黄皮果园有3个的土壤有效磷为低量，其余超过50%在缺乏水平。

4. 土壤钾素

钾不仅是植物生长发育所必需的营养元素，而且是肥料三要素之一。许多植物需钾量都很大，它在植物体内的含量仅次于氮。钾对农作物产量和改善农产品品质均有明显作用。由于钾具有提高农产品品质和适应外界不良环境的能力，因此它有"品质元素"和"抗逆元素"之称。

土壤全钾包括难溶性钾（土壤含钾矿物）、非交换性钾（缓效性钾）、交换性钾、水溶性钾4部分。土壤钾素含量主要受成土母质、土壤质地、土壤熟化程度和培肥途径的影响。

粤东梅县沙田柚果园的土壤全钾含量为4.3～12.4 g/kg，平均含量为7.3 g/kg；粤西郁南县代表性沙糖橘果园的土壤全钾含量为2.6～22.9 g/kg，其中水田改种的3个老果园（桂圩桂莲村、都城富窝村和平台万垌村）全钾含量较高（分别为22.9 g/kg、19.7 g/kg和14.2 g/kg），达到中等或中等偏高水平，其余4个在缺乏水平（桂圩大岗村9.5 g/kg、都城古丰村8.5 g/kg、平台水台村4.8 g/kg、平台古勉村2.6 g/kg）。

土壤速效钾包括土壤中交换性钾和水溶性钾2部分，可以直接被作物吸收利用，是反映钾肥肥效高低的标志之一。

粤东梅县沙田柚果园的土壤速效钾含量在35～756 mg/kg，平均含量为141.6 mg/kg；粤西郁南县沙糖橘果园的土壤速效钾含量为79.9～234.9 mg/kg，平均含量为161.7 mg/kg；粤西郁南县无核黄皮果园的土壤速效钾含量为27～254.4 mg/kg，平均含量为101.3 mg/kg。根据柑橘园土壤的参考指标，土壤速效钾含量在缺乏水平（＜50 mg/kg）的，沙田柚果园有16.1%，无核黄皮果园有23.1%；在低量水平（60～100 mg/kg）的沙田柚果园有38.7%，沙糖橘果园有42.9%，无核黄皮果园有23.1%；达到适量水平（150～450 mg/kg）的，沙田柚果园有29.0%，沙糖橘果园有57.1%，无核黄皮果园有15.4%；达到过量水平（＞500 mg/kg）的只有1个施肥水平特别高的沙田柚老果园（578 mg/kg）。

5. 土壤有效钙

钙是植物营养必需的中量元素，是细胞壁的结构成分，是维持细胞膜正常功能和细胞分裂所必需的元素，是某些酶的激活剂，其对调节介质的生理平衡有特殊功效，对氮代谢有促进作用。在所有矿质元素中，钙是近20年来在生理研究中最受重视的元素之一，特别是近年来，由于农业集约生产中与钙有关的生理病害发生增多，以及对钙直接参与代谢过程的现象及机制的揭示，钙营养已引起有关研究者的极大兴趣。随着农业生产的持续发展，钙营养显得越来越重要。对大多数作物与土壤来说，有效钙在400 mg/kg以下时，施钙肥可产生明显效果。土壤有效钙包括吸附于土壤胶体表面的钙离子和存在于土壤溶液中的钙离子。

粤东梅县沙田柚果园的土壤有效钙含量为43～4 912 mg/kg，平均含量为1 080.9 mg/kg；粤西郁南县沙糖橘果园的土壤有效钙含量为29～595 mg/kg，平均含量为286.6 mg/kg；粤西郁南县无核黄皮果园的土壤有效钙含量为41.3～1 976.3 mg/kg，平均含量为532.3 mg/kg。根据柑橘园土壤的参考指标，土壤有效钙含量在较缺乏水平（<100 mg/kg）的出现频率为沙田柚果园10%，沙糖橘果园28.6%，无核黄皮果园30.8%；处于低量水平（100～500 mg/kg）的出现频率为沙田柚果园50.0%，沙糖橘果园71.4%，无核黄皮果园46.2%；达适量水平（1 000～2 000 mg/kg）的出现频率为沙田柚果园40%，沙糖橘果园0%，无核黄皮果园15.4%。可见果园缺乏钙的概率较大。

6. 土壤有效镁

镁是植物体内多种结构物质和活化酶等重要成分的组成元素，是组成叶绿素的分子中唯一的矿质元素，是酶的激活剂，是形成脂肪必需的元素，还与氮代谢有密切关系。镁营养的水平直接关系柑橘的光合生产和物质代谢。发生缺镁症的柑橘，其土壤有效镁含量多低于50 mg/kg。

粤东梅县沙田柚果园的土壤有效镁含量为5.63～218.6 mg/kg，平均含量为88.5 mg/kg；粤西郁南县沙糖橘果园的土壤有效镁含量为7.9～240 mg/kg，平均含量为67.2 mg/kg；粤西郁南县无核黄皮果园的土壤有效镁含量为6.1～259.2 mg/kg，平均含量为60.7 mg/kg。根据柑橘园土壤的参考指标，土壤有效镁含量在较缺乏水平（<60 mg/kg）的出现频率为沙田柚果园30%，沙糖橘果园71.4%，无核黄皮果园53.8%；处于低量水平（60～140 mg/kg）的出现频率为沙田柚果园70.0%，沙糖橘果园14.3%，无核黄皮果园38.5%；达适量水平（150～300 mg/kg）的出现频率为沙田柚果园0%，沙糖橘果园14.3%，无核黄皮果园7.7%。可见绝大多数果园土壤缺乏镁。

7. 土壤有效硫

硫是数种氨基酸的成分，是合成蛋白质不可缺少的元素，它与

氮、磷相似,是生命物质的必要组分。发生缺硫症的柑橘,其土壤有效硫含量多低于10 mg/kg。6个代表性沙糖橘果园的土壤有效硫含量为21.5~116.2 mg/kg。只有1个果园的土壤有效硫含量相对较低(21.5 mg/kg),其他的土壤有效硫含量均较高。

8. 土壤微量元素

土壤微量元素是植物需求量很少、一般土壤含量也较少的营养元素,是人们依据各种化学元素在土壤中存在的数量划分出的一部分含量很低的元素。这些元素含量范围一般在百万分之几至十万分之几,最多不超过千分之一。它们含量虽然少,却是植物不可缺少的,也是植物正常生长所必需的。如果土壤中缺乏某种微量元素,作物生长就不正常。土壤中微量元素含量过低或过高,均会引起动植物的不良反应。土壤中的有效微量元素是指对植物有效或能被植物吸收利用的土壤微量元素。

(1)土壤有效硼

硼是植物必需的微量营养元素之一,因为硼在植物中的生理生化功能是参与半纤维素及细胞壁物质的合成,促进植物体内碳水化合物的运输和代谢,维持膜的正常功能,影响光合作用,参与受精和结实过程等,所以土壤缺硼时植物会产生一系列的生理病害。植物体内各营养元素之间有一定的平衡关系,常相互影响。氮、磷、钾、钙、镁等都会影响植物对硼的反应和需求,其中以硼和钙之间的关系最突出。

热带亚热带地区的砖红壤和赤红壤是我国主要的缺硼土壤之一。土壤有效硼含量是评价土壤中硼的供应情况比较可靠的指标。土壤有效硼含量采用0.5 mg/kg作为临界值,常常与pH呈负相关,与有机质含量呈正相关。此外,土壤质地对硼的有效性也有一定影响。但土壤有效硼的丰缺范围很窄,一般作物土壤超过1 mg/kg就有可能发生过剩。据报道,土壤有效硼含量为1.5~1.8 mg/kg时则导致柑橘中毒。

粤东梅县沙田柚果园的土壤有效硼含量为0.18～1.58 mg/kg，平均含量为0.6 mg/kg；粤西郁南县沙糖橘果园的土壤有效硼含量为0.15～3.16 mg/kg，平均含量为0.74 mg/kg；无核黄皮果园土壤有效硼含量为0.086～0.36 mg/kg，平均含量为0.18 mg/kg。根据表1-2的土壤有效硼含量分级指标，土壤有效硼含量在临界值以下（<0.5 mg/kg）的出现频率为粤东梅县沙田柚果园50%，粤西郁南县沙糖橘果园57.1%，无核黄皮果园达100%；土壤有效硼含量在适中水平（0.5～1 mg/kg）的出现频率为沙田柚果园40%，沙糖橘果园28.6%，无核黄皮果园0%；土壤有效硼含量为丰富水平以上（>1 mg/kg）的出现频率为沙田柚果园10%，沙糖橘果园14.2%，无核黄皮果园0%。说明果园土壤大部分缺乏硼，尤其以新果园为甚。

（2）土壤有效钼

在16种必需营养元素中，植物对钼的需求量低于其他任何一种元素。植物缺钼同样会引起生长不良、植株矮小、生长缓慢等问题。因为钼的生理功能是参与氮代谢与同化，促进植物体内有机含磷化合物的合成，参与光合作用和呼吸作用，促进繁殖器官的建成等。

粤东梅县沙田柚果园的土壤有效钼含量为0.1～1.61 mg/kg，平均含量为0.41 mg/kg。根据表1-2的分级指标，在临界水平以下（<0.15 mg/kg）的出现频率达80%。

（3）土壤有效铜、有效锌

铜是植物必需的微量营养元素。在植物体内的营养功能主要是构成铜蛋白，参与光合作用，参与体内氧化还原反应和呼吸作用，参与植物的氮代谢，促进花器官的发育，调节植物生长，增强植物抗性，还是超氧化物歧化酶（SOD）的重要成分。

缺铜土壤主要有黄壤、花岗岩和砂岩发育的赤红壤。砂质土中有效铜含量常常较低,酸性砂质土是常见的缺铜土壤。

粤东梅县沙田柚果园的土壤有效铜含量在痕量至7 mg/kg,平均含量为3 mg/kg;粤西郁南县沙糖橘果园土壤有效铜含量为0.7～4.24 mg/kg,平均含量为2.46 mg/kg;粤西郁南县无核黄皮果园土壤有效铜含量为0.27～11.4 mg/kg,平均含量为2.47 mg/kg。根据表1-2的土壤有效铜含量分级指标,土壤有效铜含量处于临界水平以下(＜2 mg/kg)的出现频率为粤东梅县沙田柚果园10%,粤西郁南县沙糖橘果园42.9%,粤西郁南县无核黄皮果园69.2%;处于适中水平(2～4 mg/kg)的出现频率为沙田柚果园20%,沙糖橘果园42.9%,无核黄皮果园7.7%;处于丰富水平以上(＞4 mg/kg)的出现频率为沙田柚果园60%,沙糖橘果园14.3%,无核黄皮果园23.1%。

锌是植物生长发育必需的营养元素之一,也是动物和人生长发育所必需的营养元素,因此锌也被称为生命元素。锌在植物体内的营养生理功能有:可促进光合作用并且是许多酶的组成成分或活化剂,参与生长素的合成代谢,促进蛋白质代谢,参与光合作用中CO_2的水合作用,促进生殖器官发育和提高抗逆性。

赤红壤有效锌含量一般只有痕量至几mg/kg。在高雨量的酸性土壤上,有效锌易从土壤剖面中淋失,因而容易缺锌。影响土壤有效锌含量的主要因素是土壤pH、土壤有机质含量和土壤质地。有机质含量低的砂质土及淋溶强烈的酸性土壤,由花岗岩、片麻岩发育的土壤都容易缺锌。

粤东梅县沙田柚果园的土壤有效锌含量在痕量至1 320 mg/kg,平均含量为16.8 mg/kg;粤西郁南县沙糖橘果园土壤有效锌含量为0.85～9.38 mg/kg,平均含量为4.04 mg/kg;粤西郁南县无核黄皮果园土壤有效锌含量为0.55～86.58 mg/kg,平均含量为9.37 mg/kg。

根据表1-2的土壤有效锌含量分级指标，土壤有效锌含量在临界值以下（<1.5 mg/kg）的出现频率为粤东梅县沙田柚果园10%，粤西郁南县沙糖橘果园14.3%，粤西郁南县无核黄皮果园38.5%；处于适中水平（1.5～3 mg/kg）的出现频率为沙田柚果园0%，沙糖橘果园28.6%，无核黄皮果园23.1%；处于丰富水平以上（>3 mg/kg）的沙田柚果园达90%，沙糖橘果园达57.1%，无核黄皮果园有38.5%。

因此，铜肥和锌肥的施用应根据各个果园的具体情况，酌情用叶面肥补充，较为安全。

（4）土壤有效铁、有效锰

由于铁具有形成螯合物的倾向，有价数变化，因此在植物体内起着许多独特的生理作用，是合成叶绿素所必需的微量元素，参与植物体内氧化还原反应和光合作用的电子传递，参与植物呼吸作用。

一般来说，土壤缺铁的问题主要在北方的石灰性土壤中出现。但南方酸性土壤缺铁的情况也有报道，原因各有不同。铁是土壤中含量较为丰富的元素，也是作物需求量较大的微量元素。引起柑橘缺铁的原因，并非土壤含铁量少，而是与土壤pH、磷肥的施用方法及极端的水分状况有关。由于铁在树体中不易运转，以及二价铁肥在土壤中易转化成三价铁而被固定，因此缺铁的矫正较其他营养元素要困难得多，应用最广的矫正措施是叶面喷施有机肥及绿肥。

粤东梅县沙田柚果园的土壤有效铁含量为10～138 mg/kg，平均含量为57.7 mg/kg；粤西郁南县沙糖橘果园的土壤有效铁含量为4.47～24.7 mg/kg，平均含量为15.03 mg/kg。根据表1-2的土壤有效铁含量分级指标，在临界值以下（<10 mg/kg）的出现频率为粤东梅县沙田柚果园20%，粤西郁南县沙糖橘果园42.9%；土壤有效铁含量处于适中水平（10～20 mg/kg）的出现频率为粤东梅县沙田柚果

园0%，粤西郁南县沙糖橘果园14.3%；有效铁含量为丰富水平以上（＞20 mg/kg）的沙田柚果园达80%，沙糖橘果园有42.9%。

锰是植物正常生长不可缺少的微量元素之一。它在植物生理中的作用是多方面的，但与光合作用的关系最为重要。它的生理功能是直接参与光合作用，调节酶活性，参与氮代谢，调节植物体内的氧化还原电位，促进种子萌发和幼苗生长。

土壤有效锰含量主要受pH和氧化还原电位的影响。果园土壤呈酸性是引起锰过量的重要原因。粤东梅县沙田柚果园的土壤有效锰含量为6.25~459 mg/kg，平均含量为136.7 mg/kg；粤西郁南县沙糖橘果园土壤有效锰含量为2.1~38.8 mg/kg，平均含量为15.3 mg/kg。根据表1-2的土壤有效锰含量分级指标，粤东梅县沙田柚果园的土壤有效锰含量全部处于极丰富水平；粤西郁南县沙糖橘果园土壤有效锰含量最高的2个果园（38.8 mg/kg和24.1 mg/kg）是山坑田改种和水田改种的，而有效锰含量最低的2个果园（2.1 mg/kg和6.6 mg/kg）均是坡地果园。可见土壤有效锰含量有水田果园高于坡地果园的趋势，这可能与地下水位的影响有关。对照有效锰含量分级指标（表1-2），所分析的7个果园中，土壤有效锰含量除了花岗岩坡地果园的只有2.1 mg/kg接近临界值之外，其余的均达到适中甚至丰富水平。

（三）果园土壤其他肥力属性

1. 土壤酸碱度

根据表1-5至表1-8的代表性果园土壤分析结果，粤东梅县沙田柚果园的土壤pH为4.5~7.5，平均pH为5.7，23个沙田柚果园有14个的pH在6.0以下，pH为4.5~5.9，有5个老柚园、4个河流冲积物母质柚园的pH为6.0~7.5；粤西郁南县沙糖橘果园土壤的pH为

4.4~5.7，平均pH为4.8，其中最老的果园（都城镇富窝村上案的pH为5.7）酸度较小，其余3个水田改种的果园土壤处于弱酸的酸度（pH为4.5和4.8），2个坡地果园土壤的酸度最大，接近强酸水平（pH为4.4和4.5）；粤西郁南县无核黄皮果园的pH为4.1~6.9，平均pH为5.0。

总的趋势是种植时间长的老果园土壤酸性较弱，时间短的新果园土壤酸性较强；水田改种的果园土壤处于弱酸的酸度，坡地果园土壤的酸度最大，接近强酸水平。

2. 土壤质地

土壤质地对土壤的通透性、保水保肥、适耕性及养分含量等都有较大的影响，是鉴别土壤肥力的标志之一。表1-7和表1-8显示，砂页岩坡地的果园土壤质地均为黏土；山坑田改种的果园土壤质地均为粉砂质黏土；水田改种或冲积地的果园土壤质地多为壤土（砂质壤土、砂质黏壤土、黏壤土）。可见果园土壤质地主要受土壤母质的影响，砂页岩发育的黏粒含量比花岗岩发育的高，而水田改种的果园由于原来是水田，已经过祖辈很多年的耕作熟化、黏粒下移等耕层变化作用，因此适耕性更好。

二、果园土壤养分的主要障碍因素

粤东梅县沙田柚果园土壤的发育母质主要为砂页岩和河流冲积物，粤西沙糖橘和无核黄皮果园土壤母质主要有花岗岩和砂页岩2种，也有水田改种的果园。不同土壤母质、不同土壤肥力和不同施肥管理水平的土壤主要呈酸性，全量养分和速效养分含量较低，比较贫瘠。

上述果园土壤，除了土壤有效铁含量处于极高水平，土壤有效锰、有效铜、有效锌不缺之外，其他养分含量均处于较低的水平；

个别老果园的土壤有机质含量略高于临界值,其余大多处于低水平;全氮含量处于中等以下至临界值水平;全磷、全钾、有效氮、有效磷、速效钾、有效钙、有效镁、有效硼和有效钼含量均处于较低的水平。

土壤有效磷、速效钾、有效钙、有效镁、有效硼、有效钼等除了受土壤母质影响外,还受土壤pH和有机质含量等许多因子的影响。在酸性土壤中,土壤有效磷含量主要是受铁等元素含量的影响,由于在酸性环境下,土壤中铁活性增大,活性铁与有效磷作用形成了难溶的固定态磷,使有效磷失效。因此,磷肥的利用率远低于氮肥和钾肥。

三、原产地与非原产地沙糖橘果园土壤的农业地质环境比较

沙糖橘这个柑橘类水果的名优品种,原产地在广东省四会市,是当地柑橘主栽品种之一,但当其离开原产地之后,普遍出现产量降低和品质下降的问题,例如果面外观表现大小不一,果皮粗糙、色泽较差,肉质不够嫩脆、纤维多,固形物含量偏低、风味较淡,等等。这些问题一直困扰消费者、种植者和经销商,还直接给沙糖橘的生产和可持续发展造成极大的威胁。上述问题可能与农业地质所造成的土壤养分差异而影响果树营养吸收和营养状况有关。因农作物的产量和品质除品种之外,还与环境状态和环境质量关系密切,尤其是与土壤化学元素的含量及其有效含量关系极为密切。已有研究表明,某特定作物生长发育的好坏往往与土壤中某些特定元素的多寡和转化规律有着密切的关系。

20世纪80年代以来,国内有关"名特优"农作物的农业地质环

境调查与评价开展已涉及百余种名优特产,主要有四川柑橘、广西沙田柚、新疆吐鲁番葡萄等,且积累了大量数据资料,总结了不少理论知识,取得了大批丰硕成果。利用这些数据资料及其规律,拓展了许多新农业优势区,扩大了种植面积,极大地促进了地方经济发展。因此,沙糖橘品质的研究也应与其原产地的土壤地球化学和农业地质结合起来进行,才能准确有效地对果园土壤和树体营养进行调控,从而使每个果园都能实现真正意义的平衡施肥。因此,开展广东省沙糖橘的农业地质和保持原产地品质的营养调控技术研究,对提升广东省沙糖橘产品品位,有极其深远的意义。

如表1-9和表1-10所示,通过对四会市4个具代表性的沙糖橘果园(2个品质较好和2个品质较差)未种橘和已种橘土壤进行元素分析,同时对郁南县3个代表性果园施肥试验区和试验区外未种区的土壤也进行同种元素分析,探讨不同沙糖橘果园土壤元素的差异和地质母岩问题。

表1-9 原产地四会市和非原产地郁南县沙糖橘基地土壤样品矿质元素全量检测结果

采样地点	P/(g·kg⁻¹)	K/(g·kg⁻¹)	Na/(g·kg⁻¹)	Ca/(mg·kg⁻¹)	Mg/(mg·kg⁻¹)	Cu/(mg·kg⁻¹)	Zn/(mg·kg⁻¹)	Fe/(mg·kg⁻¹)	Mn/(mg·kg⁻¹)	Pb/(mg·kg⁻¹)	Ni/(mg·kg⁻¹)	Cr/(mg·kg⁻¹)
四会市龙甫场未种橘	0.19	4	2.52	416	588.2	6.62	54.8	38.04	46.29	27.51	23.9	42.92
四会市龙甫场已种橘（果品性状最差）	0.36	1.3	0.9	789.2	166.4	4.41	39.52	52.35	102.8	11.36	12.32	48.52
四会市地豆场未种橘	0.13	9.3	1.96	765.2	1379	12.2	28.92	44.14	34.4	10.77	25.59	120.8
四会市地豆场已种橘（果品性状较好）	0.19	9.5	2.02	795.6	1314	12.4	29.24	38.34	36.03	8.985	26.36	127.8
四会市石狗镇週龙村未种橘	0.15	7.9	0.88	1291	1152	4.22	28.62	18.52	37.46	16.15	11	76.04
四会市石狗镇週龙村已种橘（果品性状较差）	0.25	15.5	1.98	2395	1064	6.3	43.71	7.54	78.7	26.04	10.14	44.74
四会市华贡园未种橘	0.29	—	1.66	1030	2066	4.03	99.61	54.28	169.5	31.74	60.04	129.4
四会市华贡园已种橘（果品性状最好）	0.37	11.3	1.22	1774	1758	2.58	102.5	53.56	233.1	34.56	34.22	55.91
郁南县平台镇古勉村钱进军橘园外未种地	0.26	2.4	2.62	493	712	2.43	69.12	61.65	76.45	26.98	31.6	52
郁南县平台镇古勉村钱进军橘园高肥力区	1.02	2.6	2.4	5377	946.2	2.31	73.38	58.06	70.49	15.88	31.27	49.53
郁南县平台镇古勉村钱进军橘园试验肥区	0.12	2.6	2.88	2230	781	3	78.42	59.26	89.58	24.5	29.76	42.39

第一章 广东省东西两翼果园土壤养分特征

续表

采样地点	全量养分											
	P/(g·kg⁻¹)	K/(g·kg⁻¹)	Na/(g·kg⁻¹)	Ca/(mg·kg⁻¹)	Mg/(mg·kg⁻¹)	Cu/(mg·kg⁻¹)	Zn/(mg·kg⁻¹)	Fe/(mg·kg⁻¹)	Mn/(mg·kg⁻¹)	Pb/(mg·kg⁻¹)	Ni/(mg·kg⁻¹)	Cr/(mg·kg⁻¹)
郁南县都城镇古丰村伍粤军橘园外未种区	0.21	13.3	2.48	975.9	1 734	4.3	42.9	52.75	88	22.7	40.26	18.3
郁南县都城镇古丰村伍粤军橘园试验肥区	0.16	8.5	1	969	1 384	2.38	47.68	23.23	55.12	58.36	73.36	59.64
郁南县桂圩镇大岗村陈振生橘园外未种区	0.14	10.4	2	751.8	1 352	2.99	46.38	40.25	84.18	19.67	37.72	139.9
郁南县桂圩镇大岗村陈振生橘园试验肥区	0.34	9.5	0.25	546.4	3 404	28.7	167.6	41.22	126	40.32	22.02	77.88

表1-10 原产地四会市和非原产地郁南县沙糖橘基地土壤样品矿质元素有效量检测结果

采样地点	有效养分											
	P/(mg·kg⁻¹)	K/(mg·kg⁻¹)	Na/(mg·kg⁻¹)	Ca/(mg·kg⁻¹)	Mg/(mg·kg⁻¹)	Pb/(mg·kg⁻¹)	Cu/(mg·kg⁻¹)	Zn/(mg·kg⁻¹)	Fe/(mg·kg⁻¹)	Mn/(mg·kg⁻¹)	Pb/(mg·kg⁻¹)	Ni/(mg·kg⁻¹)	Cr/(mg·kg⁻¹)
四会市龙甫场未种橘	0.14	10	5	43.45	4.52	0.08	0.07	0.01	5.5	0.28	0.79	0.07	0.08
四会市龙甫场已种橘（果品性状最差）	21.71	65	1	67.71	7.34	0.2	0.24	0.74	11.99	0.39	0.75	0.12	0.07
四会市地豆场未种橘	0.43	15	1	28.88	3.21	0.2	0.23	0.7	10.22	0.58	0.95	0.29	0.09
四会市地豆场已种橘（果品性状较好）	0.86	42	2	35.86	5.54	0.3	0.37	0.7	30.25	0.5	1.56	0.24	0.17

续表

采样地点	P/(mg·kg⁻¹)	K/(mg·kg⁻¹)	Na/(mg·kg⁻¹)	Ca/(mg·kg⁻¹)	Mg/(mg·kg⁻¹)	Pb/(mg·kg⁻¹)	Cu/(mg·kg⁻¹)	Zn/(mg·kg⁻¹)	Fe/(mg·kg⁻¹)	Mn/(mg·kg⁻¹)	Pb/(mg·kg⁻¹)	Ni/(mg·kg⁻¹)	Cr/(mg·kg⁻¹)
						有效养分							
四会市石狗镇迴龙村未种橘	0.33	10	1	20.72	3.89	1.26	0.12	0.63	11.73	1.79	3.07	0.26	0.36
四会市石狗镇迴龙村已种橘（果品性状较差）	6.46	35	3	156.3	13.98	0.46	1.21	4.6	115.8	9.04	11.8	0.5	0.42
四会市华贡园未种橘	0.2	22	2	32.47	66.67	0.3	0.78	0.55	8.5	11.53	9.36	0.26	0.27
四会市华贡园已种橘（果品性状最好）	4.15	181	12	392.7	119.1	0.33	1.64	3.6	30.4	49.38	6.01	0.73	0.41
郁南县平台镇古勉村钱进军橘园外未种橘	0.65	35	3	43.87	5.84	0.28	1.28	3.4	22.28	2.01	2.59	0.15	0.17
郁南县平台镇古勉村钱进军橘园高肥力区	362.8	352	11	1 553	446.6	2.36	0.75	9.38	45.48	21.17	1.51	0.93	3.03
郁南县平台镇古勉村钱进军橘园试验肥区	51.64	205	3	408	71.3	3.16	0.7	9.38	20.57	6.6	1.4	0.32	0.67
郁南县都城镇古丰村伍粤军橘园外未种橘	0.45	78	7	47.21	4.69	0.13	1.58	0.3	10.9	1.97	2.7	0.27	0.25
郁南县都城镇古丰村伍粤军橘园试验区	2.68	80	11	48.46	10.17	0.17	1.77	0.72	6.55	2.55	3.66	0.34	0.05
郁南县桂圩镇大岗村陈振生橘园外未种橘	1.13	45	5	141.7	21.39	0.22	0.25	0.41	2.37	1.43	6.08	0.27	0.28
郁南县桂圩镇大岗村陈振生橘园试验区	13.08	97	17	79.32	23.08	0.23	2.01	1.96	9.45	16.28	7.98	0.34	0.44

（一）沙糖橘品质好和品质差的两类果园土壤元素分布差异

四会市沙糖橘品质好和品质差的两类果园中，有些元素含量呈现有规律的南北高低差异。

根据土壤元素分析结果，发现有几个元素含量有南北走向性的分布规律。土壤全铬、全镍、全镁，这几个元素的分布规律为：处于四会市北面的威整镇（华贡园）和地豆镇（地豆场）的含量明显高于南面的龙甫镇（龙甫场）和石狗镇（迥龙村）。这几个元素中相对应未种橘的土壤分析值又基本高于已种橘的，说明这些元素的含量差异不是由于种植施肥所引起的，而具有南北或东西的走向性是受土壤母质（地质母岩）所影响的。

（二）果园土壤元素含量差异与土壤母质岩层走向的关系

果园土壤元素含量的差异性与土壤母质岩层走向有关。

根据个别土壤元素含量有南北走向性的情况，查阅了土壤地质分布图，发现威整镇和地豆镇2个果场的土壤母质为云母石英片岩，而石狗镇的土壤母质为石英片岩，龙甫镇的土壤母质为第四纪河漫滩冲积物（其周围为花岗岩）。

（三）果园土壤元素含量差异与土壤母质的关系

果园土壤元素含量差异与其母质中特定矿物所含的元素丰度有关。

四会市北面的威整镇和地豆镇,其果园土壤中的钾、镁、镍、铬含量高,是因为继承了其母质中的矿质元素组分。云母片岩普遍富含钾、镁等大中量元素和镍、铬等微量元素及一些稀土元素,石英片岩的元素又应该比第四纪河漫滩冲积物丰富。

(四)沙糖橘品质与土壤特殊土质的关系

沙糖橘品质受土壤营养元素含量影响是公认的事实,有些元素一般施肥时是未注意到的,所以往往只有特定地质条件的土壤才会有。过去已有研究证明,有些稀土元素含量在极微量级时,对调节水果品质可以起到重要作用,但这些元素在农业上不可过量使用,所以一般施肥时是不会使用这些元素的。比如铬和镍都是重金属元素,已有研究证实铬和镍在土壤中有少量存在时对作物生长是有促进作用的,但过量则抑制生长,同时会对环境造成污染,所以一般不会施用,即使施用也很难控制有效施用量,故一般只靠土壤天然供给。因此位于四会市北面的威整镇(华贡园)和地豆镇(地豆场)的2个沙糖橘果园所产的沙糖橘品质比另外2个果园的品质好应该与其土壤的特殊土质有关。

(五)郁南县非原产地沙糖橘基地与四会市原产地品质好的果园土壤元素之间的共同点

郁南县沙糖橘基地土壤矿质元素分析结果显示,其养分含量与原产地沙糖橘品质好的果园有许多相似和共同点,说明郁南县的地质环境符合生产优良沙糖橘的基本条件。只要科学种植、合理施肥,同样能生产出品质优良的果品。

第二章
无核黄皮的营养需求特点与营养调控

无核黄皮（*Clausena lansium* 'Yunan Seedless'）是芸香科（Rutaceae）黄皮属（*Clausena*）常绿乔木，是黄皮（*Clausena lansium*）的"稀特优"变异种，是我国南方新兴的特色果树。无核黄皮以其稀有、优质、味佳的特色而受到各方关注，其无核率为95%以上，可食率为79.4%以上；此外还有很好的药用价值，具有消食健胃、理气健脾、行气止痛、消痰化气、润肺止咳、去疳积、生津解渴等功效。无核黄皮是十多种黄皮品种中的珍品，由于它果较大、肉厚、色鲜和风味独特而受到消费者的喜爱，是广东省的"名特优"水果之一。郁南县是中国无核黄皮发源地和中国无核黄皮之乡，因此在郁南县选取有代表性的果园进行调查研究。

一、无核黄皮的营养需求

选取3个有代表性的不同肥力水平的果园，定期采集营养叶片进行分析，研究不同肥力水平果园无核黄皮树体的营养差异，不同物候期无核黄皮树体营养的季节性动态变化规律，叶片营养与果实品质指标的相关性等，以期为无核黄皮树体的营养调控提供依据。

（一）不同肥力水平果园无核黄皮树体的营养差异

表2-1的结果显示，3个果园叶片氮、镁、锌、锰、钼含量差异呈显著或极显著水平，叶片氮、镁、锌、锰含量在中肥力果园最高，而叶片钼含量在低肥力果园最高；3个果园叶片磷、钾、钙、铜、铁、硼含量差异不显著。结果表明土壤肥力水平对无核黄皮叶片氮、镁、锌、锰、钼含量影响显著，而对叶片磷、钾、钙、铜、铁、硼没有明显的影响。

表2-1 不同肥力水平果园间叶片营养元素含量的差异

肥力水平	大中量元素/(g·kg⁻¹)						微量元素/(mg·kg⁻¹)				
	N	P	K	Ca	Mg	Cu	Zn	Fe	Mn	B	Mo
低	21.6b	1.25a	14.42a	20.58a	1.43c	4.45b	42.67b	107.87b	148.74b	25.39a	0.13a
中	26.24a	1.53a	13.5a	19.22a	2.68a	6.2a	57.4a	91.19b	234.7a	25.96a	0.079b
高	23.32ab	1.42a	14.2a	20.12a	1.91b	5.39ab	45.16b	202.18a	85.82c	28.47a	0.10ab
F	4.53*	0.63	0.15	0.05	24.74**	3.25	6.35*	2.55	10.37**	0.13	4.7*
P	0.028 9*	0.543 9	0.865 8	0.950 8	0.000 1**	0.067 2	0.01**	0.111 2	0.001 5**	0.88	0.026*

注：同列数字后不同字母表示差异达到 $P<0.05$ 显著水平。

（二）不同物候期无核黄皮树体营养的季节性动态变化

1. 不同土壤肥力水平无核黄皮果园叶片大中量元素含量的季节性变化

图2-1的结果显示，在低肥力的果园中无核黄皮叶片氮、磷、钾含量从采果后的秋梢期（9月）开始，随着无核黄皮的生长发育均呈现下降的趋势。其中氮、钾在9月至翌年1月下降相对明显，之后氮、钾含量基本稳定，而磷含量在整个生育期呈现缓慢下降的趋势。在秋梢期，磷含量为1.98 g/kg，之后随着新梢生长、叶面积增大和果实发育，到翌年采收期（8月）时，磷含量降到1.05 g/kg。

图2-1显示，在中肥力的果园中无核黄皮叶片氮、磷、钾含量也是从秋梢期开始随着无核黄皮的生长发育呈现下降的趋势。叶片氮含量在果实膨大以前（9月至翌年6月）下降速度相对缓慢，6—8月下降速度较快，这可能与氮元素向果实转移，致使叶片中氮含量降低有关；叶片磷含量在整个生育期呈现缓慢下降的趋势；叶片钾含量在秋梢期到花芽分化期（翌年1月）期间下降速度较快，含量下降了38.12%，之后含量基本稳定在11.22～13.6 g/kg。

图2-1显示，在高肥力的果园中无核黄皮叶片氮、磷、钾含量从秋梢期开始总体亦处于逐渐下降的趋势。叶片氮含量在9月至翌年1月下降速度较快，下降了24.33%，之后氮含量基本稳定在21.9～23.61 g/kg，变化幅度较低；叶片磷含量呈现缓慢降低的趋势；叶片钾含量在9月至翌年3月开花期下降幅度最大，降低了40.19%，到了幼果期（5月）有所回升，之后在果实成熟时（8月）又有所降低，但变化幅度不大。

图2-2的结果表明，在低肥力的果园中无核黄皮叶片钙含量从秋梢期开始呈明显上升趋势，在秋梢期含量最低，为8.8 g/kg，

到了果实成熟期达到30 g/kg，增加了3倍多；叶片镁含量基本稳定在1.22～1.55 g/kg。中肥力果园叶片钙含量从秋梢期到开花期呈现明显的上升趋势，之后含量基本稳定在21.1～21.7 g/kg；叶片镁含量变化幅度较小，基本稳定在1.88～3.04 g/kg。高肥力果园叶片钙含量在整个生育期呈现明显的上升趋势，在果实收获时（8月）钙含量达到31.1 g/kg；叶片镁含量变化幅度亦较小，含量在1.54～2.34 g/kg。

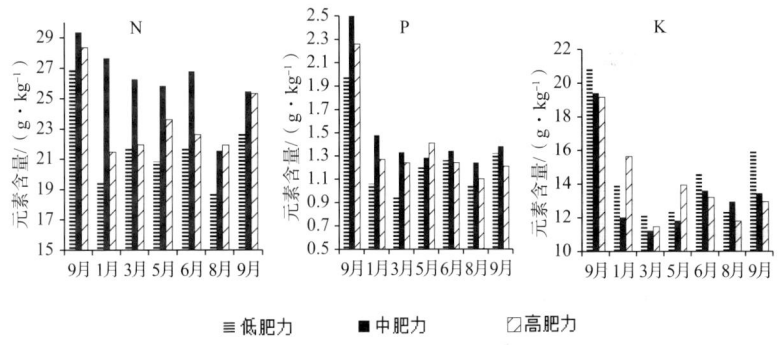

图2-1　不同肥力果园无核黄皮结果树叶片氮、磷、钾含量的季节性动态变化

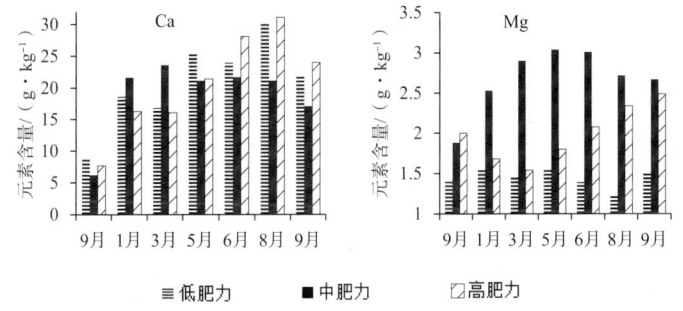

图2-2　不同肥力果园无核黄皮结果树叶片钙、镁含量的季节性动态变化

2. 不同土壤肥力水平无核黄皮果园叶片微量元素含量的季节性变化

图2-3显示，低肥力果园叶片铜、钼含量变化幅度较小，其中

铜基本稳定在3.09~5.48 mg/kg，钼基本稳定在0.098~0.17 mg/kg；叶片锌、硼含量呈现缓慢增加的趋势，在秋梢期含量分别为40.89 mg/kg、22.35 mg/kg，到了成熟期叶片锌、硼含量分别增加到53.65 mg/kg、42.31 mg/kg；叶片铁含量变化幅度较大，在秋梢期含量为111.53 mg/kg，到了翌年3月含量降到最低值，为72.8 mg/kg，之后又急剧上升，在果实膨大期达到最大值135.07 mg/kg，接着又加速下降，在果实成熟时含量降为95.83 mg/kg；叶片锰含量在整个生育期呈现明显的上升趋势，在秋梢期含量仅有59.4 mg/kg，到了翌年成熟期时含量增加到199.38 mg/kg。

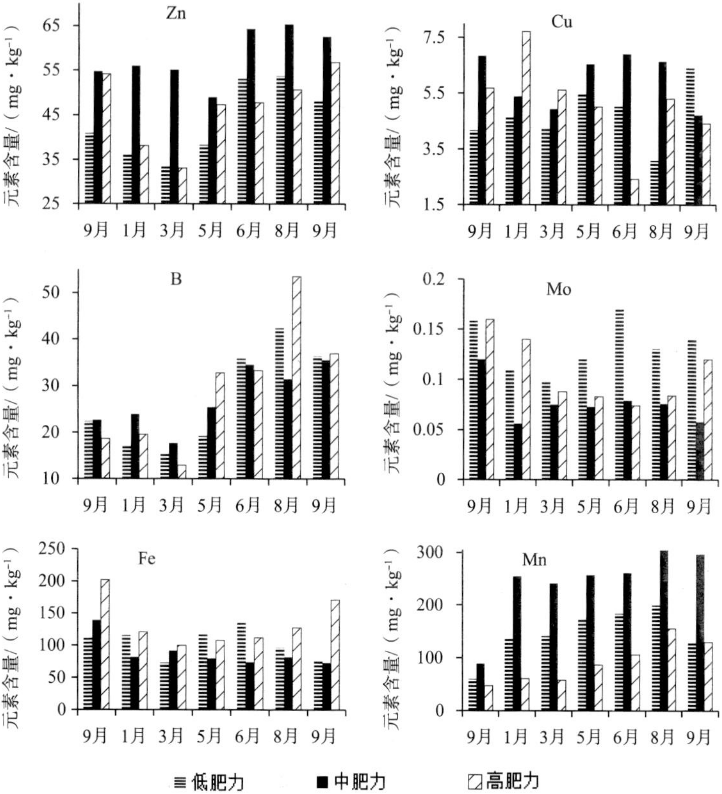

图2-3 不同肥力果园无核黄皮结果树叶片微量元素含量的季节性动态变化

图2-3显示，中肥力果园叶片锌、铜、硼、钼含量的变化趋势与低肥力果园基本一致；叶片铁含量呈现下降的趋势，在秋梢期含量为138.9 mg/kg，到翌年果实成熟时降为81.6 mg/kg；叶片锰含量亦呈现明显的上升趋势，与低肥力果园变化趋势一致。

图2-3显示，高肥力果园叶片铜、钼含量变化幅度较小，基本稳定在2.43～7.71 mg/kg和0.074～0.16 mg/kg；叶片硼含量在开花前期呈现下降的趋势，到开花期含量降为13 mg/kg，之后又迅速升高，在果实成熟时增加到53.51 mg/kg；叶片锌含量在秋梢期最高，之后逐渐降低，在翌年开花期降到最低值33.09 mg/kg，接着又有所回升，在果实成熟时增加到50.6 mg/kg；叶片铁含量的变化趋势与锌相似，叶片锰含量的变化趋势与低、中肥力果园一致，亦呈现增加的趋势。

3. 无核黄皮树体营养的季节性动态变化评述

试验结果表明，随着叶龄的增长，3个果园叶片氮、磷、钾含量均呈现逐渐下降的趋势。由于开花期新梢生长、叶片旺长、果实发育消耗大量养分，而树体贮藏的可供叶片生长的养分已消耗到极限，同时根系当年吸收的养分尚未及时补充，叶片氮、磷、钾含量随着生育期的推进而下降。如果不及时补充氮、磷、钾，则会引起植株生长发育不良，导致产量和品质下降。钙、镁均是较难移动的元素，随着叶片的生长，钙含量呈明显上升趋势，而镁含量相对稳定。

一般认为，铁在植物体内的移动性差，因此随着叶片的生长，铁含量逐渐增加。而在本试验的中肥力果园中未发现这一现象，原因不是叶片中的铁元素减少了，而是进入叶片中的铁元素的量不能同步赶上叶片干物质的增长量，从而产生稀释效应导致叶片的铁含量降低。3个果园叶片锰含量在整个生育期呈现明显的上升趋势，这与锰直接参与光合作用、维持叶绿体正常结构等功能是分不开的。锰是叶绿素的结构成分之一,还是许多酶的活化剂,因此随着无核黄皮叶片的日趋成熟,叶片中锰含量在不断增加。

从图2-2和图2-3可看出无核黄皮营养叶片的季节性变化模式,证实不同土壤肥力水平条件下的叶片矿质元素含量有明显差异。无核黄皮在生长发育过程中对不同的营养元素在不同生长时期有不同的吸收峰和不同的吸收比例。绝大多数元素的吸收最高峰出现在中后期,即5月至6月的果实膨大期;其次在前期,即在采果后的9月至12月的营养生长期;再次在后期,即7月至8月收获前的果实膨大至汁胞充实期。

营养元素是果树产量形成和品质提高的物质基础,树体的矿质养分水平与果品的品质关系密切,所以要根据无核黄皮年周期中不同物候期的营养需求特点,保持树体的营养平衡,注意肥料中各营养元素的合理比例,适期、适量地施肥。

(三)无核黄皮叶片营养元素含量与果实产量和品质的相关关系

1. 叶片营养元素含量与果实产量和品质的简单相关关系

不同物候期的叶片营养元素含量与果实产量、品质的相关性各不相同(表2-2)。相关结果表明,叶片氮含量在花芽分化期与柠檬酸含量呈显著负相关,即在一定的含量范围内,随着叶片氮含量的升高,柠檬酸含量呈现下降的趋势;在开花期(3月)、幼果期(5月)、果实膨大期(6月)叶片氮含量与果实产量、品质未表现出显著相关性;在成熟期叶片氮含量与可溶性固形物含量和总糖含量呈极显著正相关。叶片磷含量在各物候期与果实产量、品质的关系均未达到显著水平。叶片钾含量在花芽分化期与总糖含量和柠檬酸含量呈极显著负相关,在开花期与果实产量呈显著正相关,在果实膨大期与可溶性固形物含量呈显著负相关，而在幼果期和成熟期与果实产量、品质的关系未达到显著水平。叶片钙含量在花芽分化期与可溶性固形物含量和维生素C含量呈显著或极显著正相关，在果实膨大期与果实产量呈显著正相关，在开花期、幼果期、成熟期与果实品质未表现出显著相关性。叶片镁含量在花芽分化期和开花期与维生素C含量呈显著正相关，在开花期与可溶性固形物含量呈显著正相关，在幼果期、果实膨大期和成熟期与果实品质的关系未达到显著水平。

表2-2 不同月份叶片营养元素含量与果实产量、品质的相关关系

指标	相关系数r				
	1月	3月	5月	6月	8月
N含量与可溶性固形物含量	0.002 6	0.459 9	-0.187 7	-0.423 1	0.658 9**
N含量与总糖含量	-0.105 5	0.006 8	-0.098 7	-0.410 1	0.691 4**
N含量与柠檬酸含量	-0.555 4*	-0.311 8	0.240 8	0.221 1	0.216 3
N含量与维生素C含量	-0.121 2	0.472 8	0.088 6	0.266	-0.176
N含量与果实产量	0.288 8	0.039 4	0.128 1	-0.176 1	0.255 2
P含量与可溶性固形物含量	-0.293	-0.078 6	0.169 8	0.390 3	-0.118 5
P含量与总糖含量	-0.185 3	0.122 4	0.110 6	0.210 1	0.075 8
P含量与柠檬酸含量	-0.401 3	-0.32	-0.121	0.411 9	-0.277 1
P含量与维生素C含量	0.049 2	-0.276 6	-0.256 6	0.134	-0.390 7
P含量与果实产量	-0.119 1	0.045 3	0.086 6	-0.054 73	-0.435 3
K含量与可溶性固形物含量	-0.433 4	-0.266	0.055 8	-0.513 9*	-0.201 3
K含量与总糖含量	-0.746 5**	-0.179 8	0.378 5	0.091 3	0.292 8
K含量与柠檬酸含量	-0.647 6**	0.051 2	0.275 9	0.156 9	0.212 6
K含量与维生素C含量	0.022 6	0.316	0.228 4	-0.107 3	-0.113 3

续表

指标	相关系数r				
	1月	3月	5月	6月	8月
K含量与果实产量	-0.038 3	0.537 5*	0.118 6	-0.006 404	0.114
Ca含量与可溶性固形物含量	0.548 2*	0.341 7	0.143 9	0.306 9	0.437 8
Ca含量与总糖含量	0.398 3	0.151 4	-0.041 2	0.500 9	0.013 8
Ca含量与柠檬酸含量	0.199 6	0.043 6	0.237 6	0.188 7	0.146 6
Ca含量与维生素C含量	0.672 2**	0.365 9	-0.117 2	-0.249 5	-0.030 3
Ca含量与果实产量	0.132 1	-0.205 3	0.340 5	0.580 9*	-0.058 9
Mg含量与可溶性固形物含量	0.344	0.561 2*	0.256 4	0.201 6	0.385 8
Mg含量与总糖含量	0.347 4	0.130 1	0.205 6	-0.251 7	0.227 3
Mg含量与柠檬酸含量	0.216 7	0.061 9	-0.201 5	0.104 3	-0.333 2
Mg含量与维生素C含量	0.515 7*	0.529 5*	-0.127	0.241 7	-0.117 8
Mg含量与果实产量	0.150 3	-0.061 3	-0.199 7	-0.460 2	-0.371 8

注：① $r(0.05, 13) = 0.514$；$r(0.01, 13) = 0.641$。
②**表示显著度为95%（含）～99%（不含）水平，*表示显著度为90%（含）～95%（不含）水平。

2. 叶片营养元素含量与果实品质的多元相关关系

矿质营养除了是果树产量形成的物质基础之外，还是果实品质提高的物质基础，树体营养叶片的多种养分转化与果实品质的各种指标均有密切关系，因此有必要研究无核黄皮不同时期营养叶片与品质的内在关系以指导施肥。利用SAS统计软件对各月份的叶片营养元素数据与对应的果实品质指标进行多元相关分析（包括复相关和典型相关），得出几种品质指标与各月份叶片营养元素含量的多元相关系数（表2-3）。

表2-3 无核黄皮品质指标与各月份叶片营养元素含量的相关分析结果

地点	月份	典型相关分析 品质指标 r	Pr>F	复相关分析 可溶性固形物 r	Pr>F	柠檬酸 r	Pr>F	维生素C r	Pr>F	总糖 r	Pr>F
海日园	9	0.801	0.01**	0.681	0.058*	0.663	0.085*	0.784	0.002***	0.535	0.468
	1	0.817	0.118	0.54	0.446	0.738	0.013**	0.55	0.408	0.506	0.575
	3	0.744	0.081*	0.453	0.563	0.444	0.6	0.609	0.064*	0.686	0.007***
	5	0.669	0.042**	0.571	0.136	0.593	0.089*	0.489	0.412	0.568	0.143
	7	0.752	0.015***	0.402	0.756	0.468	0.498	0.623	0.046**	0.727	0.002***
	8	0.776	0.002***	0.568	0.142	0.586	0.104	0.648	0.024**	0.685	0.008***
波园	9	0.777	0.022**	0.56	0.372	0.688	0.049**	0.695	0.041**	0.485	0.657
	1	0.696	0.207	0.683	0.055*	0.506	0.579	0.644	0.118	0.496	0.615
	3	0.632	0.275	0.62	0.049**	0.477	0.459	0.504	0.35	0.533	0.243
	5	0.627	0.359	0.535	0.238	0.503	0.354	0.547	0.199	0.485	0.428
	7	0.619	0.792	0.528	0.262	0.433	0.641	0.506	0.342	0.232	0.995
	8	0.708	0.044**	0.536	0.234	0.556	0.174	0.503	0.355	0.539	0.223

注：①表中统计结果的假设检验是根据"似然法"判断显著程度。
②***表示显著度为99%及以上水平，**表示显著度为95%（含）～99%（不含）水平，*表示显著度为90%（含）～95%（不含）水平。

表2-3的复相关分析结果表明：无核黄皮品质指标中，总糖与叶片元素的复相关关系最显著，其次为维生素C。各月份的叶片营养元素含量与无核黄皮品质指标（总糖含量和维生素C含量）的复相关系数中，在3—8月达到显著水平的较多，其中以7月的最为显著。典型相关分析结果显示，无核黄皮的叶片营养元素含量在3—9月对无核黄皮品质影响较大，说明该时期树体的养分平衡对提高果品质量意义重大，对该时期的叶片营养元素含量与无核黄皮品质指标进行相关统计较有意义。

进行典型相关分析，还获得"无核黄皮果实品质指标"和"叶片营养元素"的两对典型变量，构成标准化典型变量线性表达式的系数（表2-4）。

以海日园为例，标准化典型变量线性表达式中各营养元素系数（表2-4）的绝对值大小，可反映各种营养元素对无核黄皮品质指标中的总糖含量、维生素C含量和柠檬酸含量的影响程度，亦反映了叶片中各营养元素含量在果实品质指标中的权重。

可溶性固形物和总糖，在9月叶片中，镁、磷、钙在线性表达式中的系数绝对值较大，说明这些营养元素对果实的可溶性固形物含量和总糖含量影响最大，而且磷、钙和镁对总糖的效应均以正效应为主，说明这几个元素对果实品质有增糖作用。

柠檬酸，在9月叶片中氮在线性表达式中的系数绝对值较大，且是正效应，说明施氮有提高柠檬酸含量的效果。

维生素C，在9月叶片中，氮、钾、硼在线性表达式中的系数绝对值较大，说明这几种营养元素对果实的维生素C含量影响较大，其中氮和硼是负效应，钾是正效应，说明钾适量可提高果实维生素C含量，而施氮和硼等过量会影响果实品质。

表2-4 无核黄皮品质指标与叶片营养元素构成标准化典型变量线性表达式的系数

品质指标	采样时间	相关系数r	典型特征根	Pr>F	叶片营养元素典型变量（海日园）									
					N	P	K	Cu	Zn	Fe	Mn	Ca	Mg	B
可溶性固形物	9月	0.681	0.866	0.057	0.003	0.492	-0.225	0.244	-0.265	-0.057	0.408	0.402	-0.509	0.734
	1月	0.54	0.413	0.446	0.018	0.032	-0.067	-0.041	0.853	-0.646	0.228	-0.133	-0.56	0.301
	3月	0.453	0.258	0.563	0.656	-0.296	0.398	0.45	-0.429	-0.049	-0.12	0.603	0.082	0.548
	5月	0.571	0.484	0.136	-0.245	0.745	-0.367	-0.346	0.482	-0.401	0.293	0.116	-0.392	0.129
	7月	0.402	0.193	0.756	0.158	-0.094	-0.522	-0.083	0.346	0.176	-0.157	-1.08	0.274	0.23
	8月	0.568	0.478	0.142	-0.369	-0.277	0.188	0.345	0.326	0.417	-0.0413	0.127	-0.121	0.599
柠檬酸	9月	0.663	0.784	0.084	0.756	-0.093	0.037	0.515	-0.046	0.142	0.124	-0.247	-0.355	0.079
	1月	0.738	1.199	0.013	0.385	0.145	0.478	0.024	0.067	-0.19	0.024	-1.06	1.06	0.067
	3月	0.444	0.245	0.6	0.299	-0.392	0.318	0.312	-0.139	-0.394	0.407	-0.597	0.424	0.199
	5月	0.593	0.544	0.089	-0.486	-0.641	0.521	0.264	0.292	-0.265	0.545	-0.352	0.499	0.541
	7月	0.468	0.281	0.497	0.418	0.035	0.657	0.257	-0.074	0.777	0.324	0.696	0.089	-0.109
	8月	0.586	0.522	0.104	0.316	-0.273	0.009	0.118	-0.137	-0.106	0.217	-0.722	0.436	-0.31
维生素C	9月	0.784	1.595	0.002	-0.583	-0.079	0.759	-0.251	-0.158	-0.276	0.419	0.035	0.088	-0.636
	1月	0.55	0.435	0.408	-0.549	-0.188	-0.192	0.379	-0.214	0.071	0.336	0.974	-0.785	-0.46
	3月	0.609	0.589	0.064	-0.35	0.36	0.4	0.187	-0.033	0.092	0.528	1.01	-0.839	-0.096
	5月	0.489	0.314	0.411	-0.266	0.121	0.324	0.308	-0.427	-0.026	0.072	0.477	-0.243	-0.364
	7月	0.6233	0.635	0.046*	-0.471	-0.194	0.575	-0.186	-0.294	-0.19	0.38	0.398	-0.379	-0.423
	8月	0.648	0.725	0.024	-0.388	-0.102	0.383	-0.055	-0.309	-0.047	0.516	0.502	-0.365	-0.242

续表

品质指标	采样时间	相关系数r	典型特征根	Pr>F	N	P	K	Cu	Zn	Fe	Mn	Ca	Mg	B
总糖	9月	0.535	0.401	0.468	0.127 2	0.731	0.087	0.457	0.502	0.053	0.346 7	0.722	0.658	0.011
	1月	0.506	0.344	0.579	-0.35	0.056	-0.28	0.606	-0.158	-0.603	0.604 2	-0.223	-0.393	-0.263
	3月	0.686	0.889	0.007	-0.705	0.126	0.624	-0.086	-0.256	0.106	0.372 6	0.427	-0.311	-0.429
	5月	0.568	0.476	0.143	0.159	0.734	0.323	-0.231	-0.234	-0.127	-0.076 3	0.199	-0.025	-0.55
	7月	0.727	1.121	0.001*	-0.689	0.186	0.311	-0.006	-0.201	-0.12	-0.158	-0.608	0.614	-0.132
	8月	0.685	0.883	0.008	-0.061	-0.044	0.422	0.086	-0.279	0.298	0.222	0.23	0.215	-0.022
可溶性固形物	9月	0.56	0.457	0.372	-0.063	-0.076	-0.439	-0.398	0.626	-0.057	-0.413	-0.039	-0.234	0.482
	1月	0.683	0.874	0.059	-0.062	-0.161	-0.535	0.169	0.707	-0.354	-0.499	0.884	-0.879	0.299
	3月	0.62	0.626	0.049	-0.106	0.557	0.902	0.406	-0.117	0.567	0.194	0.333	0.432	-0.281
	5月	0.535	0.401	0.238	0.143	0.56	-0.119	-0.461	0.291	0.108	-0.006	-0.464	0.033	0.406
	7月	0.528	0.386	0.262	-0.001	-0.555	1.412	0.744	-0.28	-0.003	0.264	0.846	0.079	-0.159
	8月	0.536	0.403	0.234	0.338	0.231	-1.305	0.084	0.533	0.235	-0.339	-0.614	-0.049	0.025
柠檬酸	9月	0.688	0.897	0.049	0.186	0.121	0.418	0.489	-0.387	0.124	-0.447	0.455	0.519	0.051
	1月	0.506	0.344	0.579	-0.693	0.126	0.645	0.039	-0.356	-0.515	-0.283	0.818	0.353	0.023
	3月	0.477	0.295	0.459	0.34	0.008	-1.613	0.407	-0.126	-0.54	-0.447	-1.075	-0.122	-0.5
	5月	0.503	0.339	0.354	-0.872	0.768	0.519	0.425	0.26	-0.037	0.248	-0.265	0.456	-0.231
	7月	0.433	0.231	0.641	0.775	0.138	-0.697	-0.604	-0.068	-0.241	-1.026	0.419	-0.558	0.545
	8月	0.556	0.448	0.173	0.547	0.059	0.672	-0.222	0.512	0.099	-0.817	1.766	-0.385	-0.199

续表

品质指标	采样时间	相关系数r	典型特征根	Pr>F	叶片营养元素典型变量									
					N	P	K	Cu	Zn	Fe	Mn	Ca	Mg	B
维生素C	9月	0.695	0.937	0.041	0.645	-0.585	0.036	0.123	0.476	-0.831	0.218	-0.541	0.2	0.029
	1月	0.644	0.711	0.118	0.68	-1.09	0.121	-0.078	0.233	-0.317	0.037	1.004	-0.399	-0.084
	3月	0.504	0.341	0.35	0.235	0.876	0.455	-0.727	0.178	-0.037	-0.539	1.169	-0.023	-0.127
	5月	0.547	0.428	0.199	0.322	0.428	0.372	-0.432	-0.079	-0.292	0.492	-0.17	0.087 8	0.317
	7月	0.506	0.345	0.342	-0.728	-0.364	1.166	0.526	-0.163	0.159	-0.032	0.554	0.976	-0.116
	8月	0.503	0.338	0.355	0.284	-0.381	0.279	-0.463	0.912	0.358	-0.099	0.297	-0.751	-0.133
总糖	9月	0.485	0.307	0.657	0.339	0.52	0.217	-0.168	0.532	-0.029	-0.182	-0.509	0.612	0.026
	1月	0.496	0.327	0.615	0.02	-0.313	-0.115	-0.467	0.576	0.222	-0.726	0.634	-0.838	0.582
	3月	0.533	0.398	0.243	-0.688	0.524	0.782	0.281	0.096	0.751	-0.101	0.303	0.848	0.363
	5月	0.485	0.308	0.428	0.034	0.805	-0.16	-0.038	-0.139	-0.516	0.222	-0.63	-0.455	0.221
	7月	0.232	0.057	0.995	0.601	0.404	-1.433	-0.221	0.134	0.599	-0.444	-1.026	-0.332	0.051
	8月	0.54	0.411	0.223	-0.716	-0.245	0.978	-0.329	0.083	-0.167	0.493	-0.446	0.578	-0.012

二、无核黄皮营养调控

（一）氮磷钾不同配比的效应

有关氮磷钾配比施肥的文献报道有许多，但是大多都是关于各种蔬菜的，而在果树上却鲜有相关报道。这可能与果树生长周期较长有关，而且果树由于株形较大，不易进行盆栽而未能较好地控制各种生长因素，给研究带来了一定的困难；但是果树需肥量多，如果施肥不合理，引起的负面影响将更大。

田间试验结果显示，适宜水平的氮磷钾按一定的比例配施对无核黄皮有明显的增产效果，且增产效果比单独增施任意2种肥料的效果要好，其中氮肥的增产效果最好，但超过一定的量，反而会降低这种增产效果。当地对照因为施用氮肥过量，使得果实产量有较大程度的下降；这样一方面使得肥料的投入有所增加，另一方面因为果实产量的影响，会降低果园的直接收入。因此只有适量地增施肥料且按果树需要增施肥料才能有较好的增产效果。

果实品质受多种因素的影响，氮磷钾在其中有着直接和间接的影响。田间试验结果显示，适当增施氮钾肥可以提高无核黄皮果实中维生素C的含量；磷钾对果实中总糖含量的影响较大，而可溶性固形物因为是一个综合品质指标，所以其含量的高低受多种因素的影响。

1. 不同氮磷钾配比对无核黄皮产量的影响

图2-4显示，不同氮磷钾配比的处理对无核黄皮产量的影响差异达到显著或极显著水平。其中以T5处理产量最高，且较对照产量极显著提高了67.8%。其余几个处理与对照相比，产量未有显著的

变化。结果表明氮磷钾营养不平衡会严重降低无核黄皮的产量。从结果中还可以看出，对照的氮肥用量最高，但是无核黄皮产量却并不高；相比之下，中等水平的氮肥处理（T5）产量却达到最高，说明只有氮磷钾肥用量适宜的时候，增施氮肥才能提高无核黄皮的产量，氮肥过高和过低都不能达到增产的效果，而且氮肥用量过高还会降低果实产量。氮肥的过量施用，不仅增加生产投入，还会对环境造成一定的负面影响。另外，图中的结果还显示氮磷钾肥按适宜比例增施营养效果最好。因而施肥时要根据无核黄皮需要平衡施肥。本次试验结果中，效果最好的氮磷钾配比为1∶1∶1.2。

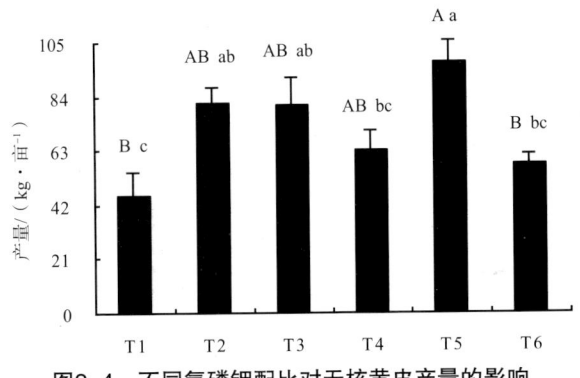

图2-4 不同氮磷钾配比对无核黄皮产量的影响

注：①图中标明的小写字母表示5%水平差异显著，大写字母表示1%水平差异显著。图2-5至图2-8同。
②施肥处理，T1氮磷钾施用量分别为0.3 kg/（株·年$^{-1}$）、0.3 kg/（株·年$^{-1}$）、0.4 kg/（株·年$^{-1}$），比例为1∶1∶1.3；T2氮磷钾施用量分别为0.3 kg/（株·年$^{-1}$）、0.8 kg/（株·年$^{-1}$）、0.8 kg/（株·年$^{-1}$），比例为1∶2.7∶2.7；T3氮磷钾施用量分别为0.7 kg/（株·年$^{-1}$）、0.3 kg/（株·年$^{-1}$）、0.8 kg/（株·年$^{-1}$），比例为1∶0.4∶1.1；T4氮磷钾施用量分别为0.7 kg/（株·年$^{-1}$）、0.8 kg/（株·年$^{-1}$）、0.4 kg/（株·年$^{-1}$），比例为1∶1.1∶0.6；T5氮磷钾施用量分别为0.6 kg/（株·年$^{-1}$）、0.6 kg/（株·年$^{-1}$）、0.7 kg/（株·年$^{-1}$），比例为1∶1∶1.2；T6为当地对照，氮磷钾施用量分别为0.85 kg/（株·年$^{-1}$）、0.2 kg/（株·年$^{-1}$）、0.5 kg/（株·年$^{-1}$），比例为1∶0.2∶0.6。T1至T4处理采用L4（2^3）正交设计；每组处理9株树。图2-5至图2-8同。

2. 不同氮磷钾配比对无核黄皮可溶性固形物和总糖含量的影响

可溶性固形物含量是衡量果实品质的一个重要指标，是指果汁中能溶于水的糖、酸、维生素、矿物质等，以百分率表示，可以部分反映果实中营养物质的高低。由图2-5可以看出T1至T5处理可溶性固形物含量均比对照要高，且差异显著。其中T5的可溶性固形物含量最高，而对照施用的肥料为高氮低磷低钾肥，可溶性固形物含量最低，说明营养施用不均衡影响无核黄皮可溶性固形物的合成。通过对结果的分析可以看出在正交试验（T1至T4）中，氮磷钾三要素对无核黄皮果实内可溶性固形物含量的影响大小为氮＞钾＞磷。

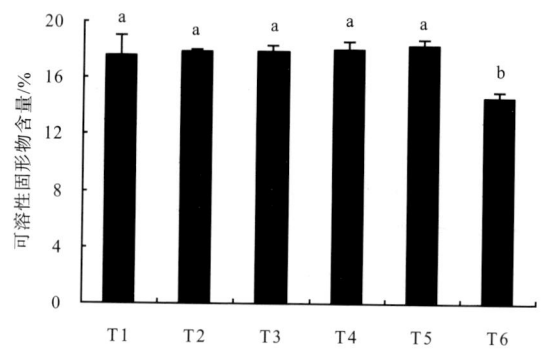

图2-5 不同氮磷钾配比对无核黄皮可溶性固形物含量的影响

无核黄皮作为一种水果，总糖含量的高低将直接影响到果实的品质。图2-6显示，T5处理的总糖含量最高，其次是T2处理。由此可以看出中等水平的氮磷钾肥按合适的比例配施有利于无核黄皮果实中糖分的积累。由正交试验的结果分析可以得出，氮磷钾三要素影响无核黄皮果实中糖分积累的大小顺序为磷＞钾＞氮。磷的影响最大，而对照中磷肥的施用量反而是最少的，这对生长在本来就缺磷的南方土壤中的无核黄皮来说，影响更为严重，使得当地对照的无核黄皮总糖含量变得更低。

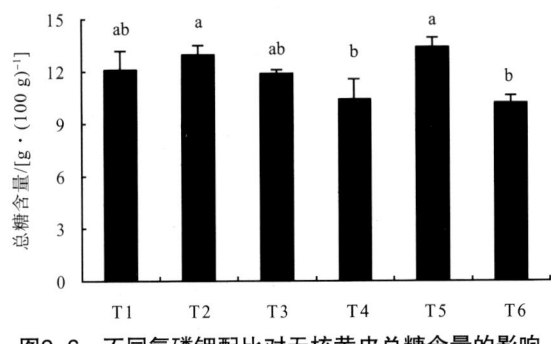

图2-6　不同氮磷钾配比对无核黄皮总糖含量的影响

3. 不同氮磷钾配比对无核黄皮柠檬酸和维生素C含量的影响

果实中的柠檬酸含量和糖分同样都直接影响着果实的口感。图2-7显示，各处理间柠檬酸含量的差异明显，其中以T1、T2、T3和T6处理的柠檬酸含量较高，而T4和T5的柠檬酸含量较低，分别比对照的低13.13%和12.12%。可见尽管T1处理的氮磷钾配比与结果较好的T5处理接近（T1为1∶1∶1.3，T5为1∶1∶1.2），但是因为T1处理氮磷钾肥施用量相对较低，同样会严重影响到果实的品质。从图中的结果还可以看出，氮磷肥施用量均较高的处理，柠檬酸含量都相对较少，由此可以说明氮磷对果实中酸的转化影响较大。对照T6处理氮肥施用量较多，而磷肥施用量较少，柠檬酸有偏高的趋

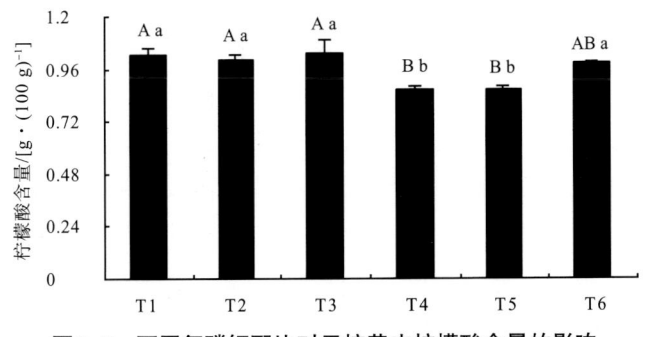

图2-7　不同氮磷钾配比对无核黄皮柠檬酸含量的影响

势。T4、T5处理柠檬酸含量较低，说明增施氮磷肥再加以适量钾肥有利于降低果实中柠檬酸的含量。

无核黄皮含有丰富的维生素C。图2-8显示，无核黄皮果实维生素C含量为518～600 mg/kg。图2-8还显示高氮高钾的T3处理维生素C含量最高，较对照高12.49%，差异极显著；其次是T4处理，维生素C含量比对照高，但是差异不显著。T1、T2、T5处理与对照差异也不显著。由此可以看出，低氮低磷低钾（T1）、高氮高磷（T4）、高磷高钾（T2）处理均不能有效提高果实中维生素C含量，而高氮高钾（T3）处理却可以增加维生素C含量。

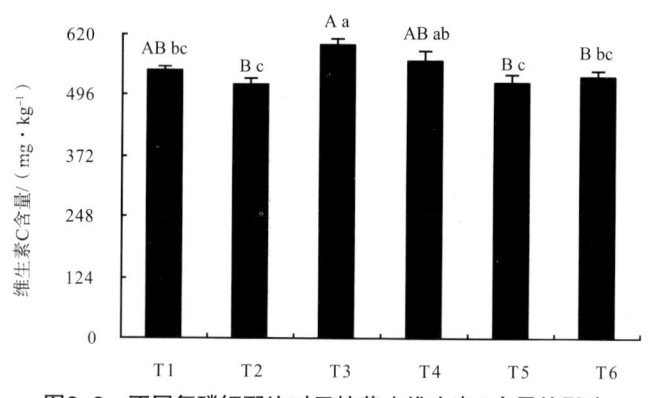

图2-8　不同氮磷钾配比对无核黄皮维生素C含量的影响

（二）不同品种氮肥对无核黄皮的影响

1. 不同品种氮肥对无核黄皮结果秋梢生长的影响

无核黄皮的结果秋梢必须在采果后尽早抽出和及时老熟，才能避免花芽受寒害影响，这将直接影响来年果树开花数量和产量形成。因此，采果肥除了要供氮平衡之外，还要考虑氮肥对结果秋梢生长质量的影响，以及肥料价格的因素。选取海日园、波波园2个示范果园（氮、磷、钾肥施用量相同）设计4种不同氮肥原料的试验：①进口复合肥；②尿素和硫酸铵各50%；③硫酸铵；④尿素。试验结果见表2-5，在4个不同品种氮肥处理的2个果园中，黄皮结果秋梢的梢长和梢径，均以施氮为尿素和硫酸铵各50%的处理为最好，其次为硫酸铵和进口复合肥的处理，100%为尿素的处理相对较差。这可能是因为尿素所含酰胺态氮要转化为铵态氮，植物才可能吸收，所以供氮时间会稍迟；尿素和硫酸铵各50%的处理，由于2个品种氮肥的供氮速度能起到互补的作用，既能满足铵态氮的初期供氮速度（硫酸铵的作用），又能满足后期的供氮需要（尿素的供氮稍迟）；100%使用进口复合肥和硫酸铵的处理的价格贵于尿素和硫酸铵配用的处理，而促进秋梢生长的效果未见得优于后者。因此尿素和硫酸铵各占50%氮源的处理既能满足秋梢生长的需要，又能充分降低施肥成本。

2. 不同品种氮肥对无核黄皮产量和品质指标的影响

表2-6的结果显示，综合2个果园的产量数据，在4个不同氮源的氮肥中，果实产量和可食率均以尿素与硫酸铵配施处理的相对较高，这可能是由于这种施氮组合既能使无核黄皮树体及早吸收到利于结果秋梢生长的铵态氮，又能随着铵态氮的分解和消耗，将尿素酰胺态氮逐步分解成铵态氮供树体所需。这两种氮肥配施能满足无核黄皮结果秋梢生长所需，使结果秋梢在早期生长较壮，利于较早形成花芽、促进果实相对较早成熟。而只施用硫酸铵或尿素，均达不到两种氮肥配施的效果，原因可能是由于铵态氮在后期效果降低而跟不上作物所需，而酰胺态氮则在前期跟不上作物所需。单施进口复合肥的效果及其形成原因与单施硫酸铵的相似。

表2-5 不同氮肥对无核黄皮结果秋梢调查统计结果

处理号	处理	海日园 梢长/cm 8月底	海日园 梢长/cm 9月底	海日园 梢径/cm 8月底	海日园 梢径/cm 9月底	波波园 梢长/cm 8月底	波波园 梢长/cm 9月底	波波园 梢径/cm 8月底	波波园 梢径/cm 9月底
1	硝态氮(进口复合肥)	12.6ab	12.81ab	0.49bcd	0.597ab	13.06abc	13.8ab	0.53ab	0.731a
2	酰胺态氮+铵态氮(尿素+硫酸铵)	13.1a	13.51a	0.54a	0.608a	12.59bcd	14.6a	0.53ab	0.744a
3	铵态氮(硫酸铵)	14.2a	13.47a	0.53ab	0.588ab	12.06bcde	13.9ab	0.55a	—
4	酰胺态氮(尿素)	13a	13.28a	0.48bcd	0.589ab	13.47ab	13.5ab	0.52ab	0.67b

注:表中数据均为8次重复的平均值,不同小写字母表示处理间差异达5%水平。

表2-6 不同氮肥品种试验效果

地点	处理	产量/(kg·亩$^{-1}$)	可食率/%	可溶性固形物/%	总糖[g·(100 g)$^{-1}$]	柠檬酸[g·(100 g)$^{-1}$]	维生素C/[mg·(100 g)$^{-1}$]
海日园	硝态氮(进口复合肥)	403.36B	56.23A	16.6B	15.67A	1.36A	47.47A
海日园	酰胺态氮+铵态氮(尿素+硫酸铵)	505.96A	56.24A	17.3A	15.07A	1.35A	45.04A
海日园	铵态氮(硫酸铵)	378.15BC	54.27AB	17.1A	15.32A	1.37A	44.24A
海日园	酰胺态氮(尿素)	500.7A	54.61AB	16.2B	15.27A	1.23AB	45.86A
波波园	硝态氮(进口复合肥)	189.49F	60.36AB	15.9A	15.33A	1.13A	47.61AB
波波园	酰胺态氮+铵态氮(尿素+硫酸铵)	338.43A	61.45AB	15.3A	14.54A	1.09A	47.21AB
波波园	铵态氮(硫酸铵)	287.74BC	61.04AB	15.7A	15.18A	1.02A	49.23A
波波园	酰胺态氮(尿素)	294.95B	58.88B	16A	15.69A	1.02A	47.77AB

注:表中数据均为8次重复的平均值,不同大写字母表示处理间差异达1%水平。

(三)磷肥活化技术对无核黄皮产量和品质的效应

表2-7中的试验结果显示,两种活化磷肥对黄皮产量的形成均有明显影响,其中活化磷肥1(NPK+活化剂1)的产量比等量氮磷钾肥(NPK)对照增产16.3%,而活化磷肥2(NPK+活化剂2)的产量比等量氮磷钾肥对照增产11.9%。这是由于活化磷技术能提高磷素在土壤中的有效性。由于产量提高了,树体的其他养分也要相应增施达到养分全面平衡,才能提高果实品质,所以仅施活化磷肥未能有效提高果实品质。

(四)中微量元素对无核黄皮产量和品质的影响

1. 微量元素种类和施用方式在无核黄皮果树上的施用效果

表2-8的结果显示,氮磷钾平衡对提高无核黄皮的产量和品质最重要,在此基础上施硼的增产效果最好,施锌对提高无核黄皮果实品质较有意义。

2. 中量元素镁在无核黄皮果树上的施用效果

根据前面对果园的土壤调查结果,绝大多数果园土壤均缺乏镁,果园必须适量施镁肥才有可能获得高产优质的效果;因此特别进行了一些无核黄皮施镁肥的田间试验。

(1)镁肥不同施用量效果

在采果时施不同镁水平的专用肥对无核黄皮结果秋梢梢长和梢径的影响的调查结果显示,在采果肥中加入镁对结果秋梢的影响,在不同的果园有不同效果。在海日园,氮磷钾平衡未施含镁的专用肥壮梢效果显著优于当地施肥(表2-9);而在氮磷钾平衡的基础上,进一步施不同量镁肥的试验效果显示,适量镁肥可起到壮

表2-7 新城村果园施活化磷肥对无核黄皮农艺性状、产量和品质指标的影响

处理	穗数/(穗·株⁻¹)	果重/[g·(30颗)⁻¹]	果数/(个·株⁻¹)	产量/(kg·亩⁻¹)	活化磷肥增产率/%	维生素C/[mg·(100 g)⁻¹]	可溶性固形物/%	总糖/[g·(100 g)⁻¹]	柠檬酸/[g·(100 g)⁻¹]
NPK对照	25.9ab	257.4ab	540.2ab	317.1ab	—	49.58abc	17.3abcd	11.73abcde	1.06abc
NPK+活化剂1	24ab	284.9a	549ab	368.9a	16.3%	46.83bc	15.6e	10.57cde	1.06abc
NPK+活化剂2	29.3a	257.4ab	590a	354.9a	11.9%	45.62c	15.8de	11.13bcde	1.13abc
当地施肥对照	25ab	244.1b	462.8ab	267.4ab	—	44.03c	16cde	11.17cde	1.02c

注：①活化剂1为酸木素，活化剂2为腐植酸；用量为磷肥用量的5%。
②按亩植70株树。
③不同小写字母表示处理间差异达5%水平。

表2-8 无核黄皮果园施不同微量元素对产量性状和品质指标的影响

处理	穗数/(穗·株⁻¹)	果重/[g·(30颗)⁻¹]	果数/(个·株⁻¹)	产量/(kg·株⁻¹)	维生素C/[mg·(100 g)⁻¹]	可溶性固形物/%	总糖/[g·(100 g)⁻¹]	柠檬酸/[g·(100 g)⁻¹]
NPK对照	25.9a	257.4ab	540.2ab	4.53ab	49.58abc	17.3abcd	11.73abcde	1.06abc
NPK+B	26.7a	292.3a	544.7ab	5.33ab	45.90c	17abcde	9.53de	1.1abc
NPK+Mn	24.4a	270.5ab	486.3ab	4.38ab	47.64bc	16.3bcde	8.97e	1.06abc
NPK+Zn	22.1ab	272.1ab	422.2ab	3.82ab	49.82abc	17.5abc	14.23a	1.14abc
NPK+多微量元素	20.8a	259.6ab	428.8abc	3.68ab	45.11c	15.9de	11.67abcde	1.08abc
NPK+喷微肥	19.7b	261.2ab	335c	2.91b	45.99c	15.6	11.47abcde	1.14abc
NPK+喷钛	18.4ab	258.5ab	361bc	3.12b	50abc	17.1abcde	13.90ab	1.05bc
当地施肥对照	25ab	244.1b	462.8abc	3.82ab	44.03c	16cde	11.17bcde	1.02c
$Pr>F$	0.87a	0.595	0.344	0.324	0.1315	0.0141	0.0437	0.5

注：不同小写字母表示处理间差异达5%水平。

梢的效果。这可从表2-10的结果得到解释，即施镁肥可有效提高叶片的镁营养。在波波园，则只有氮磷钾平衡起壮梢作用，而在氮磷钾平衡基础上加施镁肥则壮梢效果不显著，但施镁肥同样可有效提高叶片的镁营养，因而其壮梢的效果可能与该园栽培管理过程的其他措施有关。

表2-9　采果期施含镁专用肥对无核黄皮结果秋梢的影响

处理	海日园				波波园			
	梢长/cm		梢径/cm		梢长/cm		梢径/cm	
	8月底	9月底	8月底	9月底	8月底	9月底	8月底	9月底
Mg_1	12.7ab	12.82ab	0.52a	0.570ab	14.5a	15.1a	0.52ab	0.758a
Mg_2	12.6ab	12.39ab	0.59ab	0.538bc	13abc	13.77ab	0.54ab	0.623b
Mg_3	13a	13.28a	0.58ab	0.589a	13.5ab	13.47ab	0.52ab	0.67b
Mg_4	12.5ab	11.62bc	0.59ab	0.573ab	13.4ab	12.78bcd	0.52ab	0.67b
Mg_0（专用肥对照）	11.5bc	12.7ab	0.54b	0.59a	12bc	12.5c	0.51bc	0.66b
Mg_0（当地肥对照）	10.5b	10.41c	0.52b	0.522c	10.1c	10.63cd	0.48c	0.678b

注：①镁肥用一水硫酸镁。波波园镁施用量水平为Mg_1——80 g/（株·年$^{-1}$）、Mg_2——130 g/（株·年$^{-1}$）、Mg_3——180 g/（株·年$^{-1}$）、Mg_4——200 g/（株·年$^{-1}$）。海日园镁施用量水平为Mg_1——100 g/（株·年$^{-1}$）、Mg_2——160 g/（株·年$^{-1}$）、Mg_3——240 g/（株·年$^{-1}$）、Mg_4——270 g/（株·年$^{-1}$）。表2-10至表2-11同。
②不同小写字母表示处理间差异达5%水平。

表2-10　施不同用量镁肥对无核黄皮叶片镁含量的影响

处理	海日园/%			波波园/%		
	9月	1月	3月	9月	1月	3月
Mg_1	0.221 1ab	0.195 9a	0.221 6b	0.182 8a	0.201 2a	0.230 8c
Mg_2	0.230 5ab	0.195 2a	0.245ab	0.185 2a	0.220 4a	0.230 5c
Mg_3	0.219 7ab	0.2a	0.240 4ab	0.179 6a	0.217a	0.242 1abc
Mg_4	0.238 7a	0.214 8a	0.255 2ab	0.189 3a	0.237a	0.252 6abc
Mg_0（当地肥对照）	0.202 1b	0.202 1a	0.245 5ab	0.181 1a	0.231 8a	0.234 2bc

注：不同小写字母表示处理间差异达5%水平。

表2-11的试验结果显示，海日园施镁1（Mg_1）水平的无核黄皮产量比不施镁肥的增加60.2%；施镁2（Mg_2）水平的无核黄皮产量与不施镁肥相比，增加了73.6%；施镁3（Mg_3）水平的无核黄皮

产量比不施镁肥对照处理增加94.5%；而施镁4（Mg_4）水平则由于施镁过量而使无核黄皮产量与施镁3水平相比开始下降。施镁肥处理的无核黄皮可溶性固形物含量均比对照有所提高，而柠檬酸含量和维生素C含量则差异不显著。

表2-11 施不同用量镁肥对无核黄皮产量和品质的影响

地点	处理	产量/（kg·亩$^{-1}$）	可食率/%	可溶性固形物/%	总糖/[g·(100g)$^{-1}$]	柠檬酸/[g·(100g)$^{-1}$]	维生素C/[mg·(100g)$^{-1}$]
海日园	Mg_1	419.87AB	54.78AB	16.1BC	14.94A	1.24A	47.47A
	Mg_2	454.86AB	54.02AB	16.3ABC	13.78A	1.25A	45.15A
	Mg_3	509.7A	54.61A	16.2BC	15.27A	1.23A	45.86A
	Mg_4	387.95AB	55.37A	17.6A	14.76A	1.22A	44.48A
	Mg_0（当地施肥）	262.02B	50.99B	15.5C	15.26A	1.25A	46.8A
波波园	Mg_1	272.4B	60.34AB	16ABC	15.78A	1.11A	48.58A
	Mg_2	245.56B	58.71B	15.9ABC	15.7A	1.03A	47.57A
	Mg_3	294.95A	58.88B	16ABC	15.69A	1.02A	47.77A
	Mg_4	267.15B	58.61B	16.4ABC	15.77A	1.06A	47.98A
	Mg_0（当地施肥）	219.82BC	60.94AB	15.7BC	15.47A	1.03A	46.36AB

注：不同大写字母表示处理间差异达1%水平。

波波园施镁1水平的无核黄皮产量比不施镁肥的增加23.9%，施镁2水平、镁3水平的无核黄皮产量分别比不施镁肥的增加11.7%、34.2%，而施镁4水平同样由于施镁过量而使无核黄皮产量与施镁3水平相比开始下降。施镁肥处理的无核黄皮可溶性固形物含量、总糖含量和维生素C含量均比对照有所提高，而柠檬酸含量则差异不显著。

结果说明在一定量范围内适量施用镁肥，可使无核黄皮产量显著提高，施用过量虽也能奢侈吸收（见表2-12中两果园4个施镁水平的叶片镁含量），但会造成减产。

（2）不同镁肥原料在无核黄皮果树上的施用效果

表2-12的叶片分析结果显示，在海日园，施4种镁肥原料的处

理在9月和3月采样，均可看到镁肥效果的有4种，其效果显著顺序为：镁肥原料2＞镁肥原料1和镁肥原料3＞镁肥原料4和钙镁磷肥；而在波波园，9月采样未能看到效果，但在3月采样时，4种镁肥原料均显效，其效果顺序为：镁肥原料2和镁肥原料4＞镁肥原料1和镁肥原料3＞钙镁磷肥。可见镁肥原料2效果较为稳定。

表2-12 施不同原料镁肥对无核黄皮叶片镁含量的影响

处理	海日园/%		波波园/%	
	9月采样	3月施肥前采样	9月采样	3月施肥前采样
施钙镁磷肥对照	0.221 1bc	0.221 6b	0.182 8a	0.230 8c
镁肥原料1	0.224 5ab	0.256 8a	0.182 3a	0.252 5abc
镁肥原料2	0.242 2a	0.260 2a	0.182 4a	0.267 1a
镁肥原料3	0.226 9ab	0.225 5ab	0.176 6a	0.254 7abc
镁肥原料4	0.219 1bc	0.226 1ab	0.183 1a	0.267 7a
当地对照	0.202 1c	0.245 5ab	0.181 3a	0.234 2bc

注：①施肥时间为8月、1月、3月。
②不同镁肥原料按等镁施用。镁肥原料1为一水硫酸镁（镁17%），镁肥原料2为活化轻烧氧化镁（镁30%，是菱镁矿经600℃轻烧而成），镁肥原料3为活化镁石粉（镁23%），镁肥原料4为活化镁硼泥（镁20%、硼0.35%）。表2-13至表2-14同。
③不同小写字母表示处理间差异达5%水平。

表2-13的统计结果显示，在表2-10中镁肥效果好的处理，对无核黄皮秋梢的梢长和梢径均有影响，原因有待进一步研究。

表2-13 郁南县无核黄皮秋梢调查统计结果

处理	梢长/cm		梢径/cm		梢长/cm		梢径/cm	
	8月30日	9月26日	8月30日	9月26日	8月30日	9月26日	8月30日	9月26日
	海日园				波波园			
施钙镁磷肥对照	12.7ab	12.82ab	0.62a	0.57abc	14.5a	15.1a	0.52ab	0.758a
镁肥原料1	12.6ab	12.81ab	0.61a	0.597ab	13.8ab	13.06abc	0.53a	0.731a
镁肥原料2	12.7ab	11.91abc	0.59a	0.551abc	11.3bc	9.96d	0.52a	0.624a
镁肥原料3	13.4a	12.46ab	0.62a	0.556abc	12.8abc	12.58abcd	0.53a	0.741a
镁肥原料4	13.2a	12.73ab	0.59a	0.566abc	11.4bc	10.98bcd	0.51bc	0.529ab
当地对照	10.5b	10.41c	0.52b	0.522c	10.1c	10.63cd	0.48c	0.778a

注：不同小写字母表示处理间差异达5%水平。

从表2-14的结果显示,施不同原料镁肥对产量、可食率和总糖含量均有不同程度的效果。其中增产效果最显著的在海日园有镁肥原料3和镁肥原料2,其次为钙镁磷肥、镁肥原料4和镁肥原料1;而在波波园镁肥原料4、钙镁磷肥效果较好,其次为镁肥原料3和镁肥原料2。所有镁肥原料均有提高无核黄皮可食率、可溶性固形物等品质指标的趋势。

表2-14 两果园施不同镁肥原料对无核黄皮产量和品质的影响

果园	处理原料	产量/(kg·亩$^{-1}$)	可食率/%	可溶性固形物/%	总糖/[g·(100 g)$^{-1}$]	柠檬酸/[g·(100 g)$^{-1}$]	维生素C/[mg·(100 g)$^{-1}$]
海日园	施钙镁磷肥	419.87AB	54.78B	16.1AB	14.94B	1.24ABC	47.47A
	镁肥原料1	403.36AB	56.23A	16.6AB	15.67AB	1.36A	47.47A
	镁肥原料2	429.25A	55.08AB	16.1AB	15.21B	1.29AB	44.74A
	镁肥原料3	451.41A	54.64B	17.9A	16.18AB	1.17ABC	48.03A
	镁肥原料4	416.94AB	57.59A	17.7A	17.02A	1.2ABC	45.96A
	当地对照(0 g/株)	265.6BC	50.99C	15.5C	15.26B	1.25ABC	46.8A
波波园	施钙镁磷肥	272.4AB	60.34AB	16AB	15.78AB	1.11A	48.58A
	镁肥原料1	189.49B	60.36AB	15.9AB	15.33AB	1.13A	47.61A
	镁肥原料2	246.26A	61.09A	16.7A	16.41A	1.05A	45.77A
	镁肥原料3	256.89A	60.66AB	15.5B	15.39AB	1.06A	46.76A
	镁肥原料4	301.76A	59.04B	16.2A	15.96AB	1.05A	47.07A
	当地对照(0 g/株)	219.82C	60.94AB	15.7B	15.47AB	1.03A	46.36A

注:不同大写字母表示处理间差异达1%水平。

3. 微量元素硼在无核黄皮果树上的施用效果

根据前面对果园的土壤调查结果,果园土壤大部分缺乏硼,尤其以新果园为甚，必须适量施硼才有可能获得高产优质的效果；因此也进行了一些无核黄皮施硼肥的田间试验。

（1）微量元素硼对无核黄皮秋梢的影响

表2-15的结果显示，适量硼肥对无核黄皮农艺性状如秋梢的生长有一定促进效果，但过量则有抑制作用。

表2-15　两果园施不同量硼肥对无核黄皮秋梢生长的影响

处理	梢长/cm		梢粗/cm		梢长/cm		梢粗/cm	
	8月30日	9月26日	8月30日	9月26日	8月30日	9月26日	8月30日	9月26日
	海日园				波波园			
B_1	12.7ab	12.82a	0.62a	0.57a	14.5a	15.1a	0.52a	0.758a
B_2	12.7ab	11.43b	0.59a	0.558ab	12.5b	12.01b	0.51a	0.663b
B_3	13.2a	12.73a	0.59a	0.566ab	11.4bc	10.98c	0.51a	0.529c
B_0	10.5b	10.41c	0.52b	0.522bc	10.1c	10.63c	0.48c	0.778a

注：①海日园硼施用量为B_1——1 g/株、B_2——4 g/株、B_3——10 g/株。波波园硼施用量为B_1——0.6 g/株、B_2——3 g/株、B_3——8 g/株。B_0指只施氮磷钾肥，不施硼肥。
②不同小写字母表示处理间差异达5%水平。

（2）微量元素硼对无核黄皮果实产量和品质的影响

2005年试验获得施硼增产的信息之后，在2006年继续进行了硼不同施用量水平的试验。表2-16中2个果园的试验结果进一步显示，在平衡氮磷钾的基础上，施适量硼肥可显著提高郁南县无核黄皮产量。其中海日园施硼肥1水平可增产1.8%，施硼肥2水平可增产21.4%；而波波园施硼肥1水平的效果不显著，施硼肥2水平可增产可达16.6%。但2个果园继续增施硼肥则开始减产。

表2-16 2006年两果园施不同量硼肥对产量和品质的效果

果园	处理(g/株)	产量/(kg·亩$^{-1}$)	可食率/%	可溶性固形物/%	总糖/[g·(100 g)$^{-1}$]	柠檬酸/[g·(100 g)$^{-1}$]	维生素C/[mg·(100 g)$^{-1}$]
海日园	B_0(0)	419.87B	54.78AB	16.1AB	14.94B	1.24A	47.47A
	B_1(4)	427.22AB	57.55A	16.8A	16.7A	1.32A	46.56A
	B_2(10)	509.55A	57.27A	16.9A	14.1B	1.3A	46.44A
	B_3(14)	416.94AB	57.59A	17.7A	17.02A	1.2ABC	45.96A
波波园	B_0(0)	272.4B	60.34AB	16B	15.78B	1.11A	48.58A
	B_1(4)	266.55B	62.5AB	15.7B	15.58B	1.03A	40.3AB
	B_2(8)	317.63A	59AB	17.4A	17.11A	1.09A	48.89A
	B_3(11)	301.76A	59.04B	16.2A	15.96AB	1.05A	47.07A

注：不同大写字母表示处理间差异达1%水平。

（五）硼肥与镁肥配施的效果

表2-17中两果园的试验结果均显示，硼（B）镁（Mg）配施均可使无核黄皮产量和大多数品质指标显著提高。其中两果园均以B_3配Mg_1处理的产量最高，其次海日园为B_3配Mg_2、波波园为B_2配Mg_2。表2-17的试验结果还显示，只有适硼和适镁才能使无核黄皮获得最高产量，而适硼高镁、适硼低镁、适镁低硼、适镁高硼、高硼中镁均不能使无核黄皮获得最高产量。

表2-17 两果园硼与镁不同配施比例对无核黄皮产量和品质的影响

果园	处理（g/株）	产量/（kg·亩$^{-1}$）	可食率/%	可溶性固形物/%	总糖/[g·(100 g)$^{-1}$]	柠檬酸/[g·(100 g)$^{-1}$]	维生素C/[mg·(100 g)$^{-1}$]
海日园	B$_1$Mg$_1$（1, 100）	419.9B	54.78AB	16.1AB	14.94B	1.24A	47.47A
	B$_2$Mg$_2$（4, 160）	445.8AB	57.53A	17.2A	17.09A	1.26A	45.25A
	B$_2$Mg$_3$（4, 240）	357.3B	54.55AB	17.4A	17.11A	1.32A	45.66A
	B$_3$Mg$_1$（10, 100）	509.5A	57.27A	16.9A	14.1B	1.3A	46.44A
	B$_3$Mg$_2$（10, 160）	454.9AB	54.02AB	16.3AB	13.78C	1.25A	45.15A
	B$_3$Mg$_3$（10, 240）	429AB	55.08AB	16.1AB	15.21B	1.29A	44.74A
	B$_3$Mg$_3$（10, 270）	387.9AB	55.37AB	17.6A	14.76B	1.22A	44.48A
	B$_4$Mg$_3$（14, 240）	416.9AB	57.59A	17.7A	17.02A	1.2ABC	45.96A
	B$_0$（当地施肥）	265.6C	50.99B	15.5C	15.26B	1.25A	46.8A
波波园	B$_1$Mg$_1$（0.6, 80）	272.4B	60.34AB	16B	15.78B	1.11A	48.58A
	B$_2$Mg$_2$（3, 130）	315A	63.33AB	16.3AB	16.1AB	1.03A	47.41A
	B$_2$Mg$_3$（3, 180）	230.1D	65.94A	14.9C	14.71C	1.02A	45.73AB
	B$_3$Mg$_1$（8, 80）	317.6A	59AB	17.4A	17.11A	1.09A	48.89A
	B$_3$Mg$_2$（8, 130）	245.6B	58.71B	15.9B	15.7B	1.03A	47.57A
	B$_3$Mg$_3$（8, 180）	293.1B	61.09AB	16.7AB	16.41AB	1.05A	45.77AB
	B$_3$Mg$_4$（8, 200）	267.1B	58.61B	16.4AB	15.77B	1.06A	47.98A
	B$_4$Mg$_3$（11, 200）	301.8A	59.04B	16.2A	15.96AB	1.05A	47.07A
	B$_0$（当地施肥）	219.8C	60.94AB	15.7B	15.47B	1.03A	46.36AB

注：不同大写字母表示处理间差异达1%水平。

三、无核黄皮专用肥研制及中试效果

（一）无核黄皮专用肥配方不同施用量对无核黄皮产量和品质的影响

根据前面的试验结果，总结出采果肥、壮梢肥、催花肥、壮花肥、壮果肥、汁胞充实肥的施肥配方作为优选配方，继续其他试验的基础上，验证优选配方。表2-18的试验结果显示，配方施肥用量1至用量3，均比当地施肥对照有效增产，增产幅度为37.5%～102%，可溶性固形物含量提高3.8～5.4个百分点，维生素C含量提高0.74～6.32 mg/100 g，柠檬酸含量和总糖含量差异不显著；而配方施肥用量4，虽然施肥比例合适，但由于施肥过量，造成减产，同时维生素C含量也显著降低。可见即使施肥配方合理，但施肥量的合理控制对产量同样重要。

表2-18 无核黄皮专用肥配方不同施用量对无核黄皮产量性状和品质指标的影响

处理	商品果产量/(kg·亩$^{-1}$)	比对照增产/%	总糖/[g·(100 g)$^{-1}$]	维生素C/[mg·(100 g)$^{-1}$]	柠檬酸/[g·(100 g)$^{-1}$]	可溶性固形物/%
用量1：采果、壮梢、壮芽肥（共1.25 kg/株）+壮花、壮果肥（共1 kg/株）+鸡粪（12 kg/株）	75.2abcd	37.5	11.55a	55.45ab	0.96abcd	18.4ab
用量2：采果、壮梢、壮芽肥（共2.05 kg/株）+壮花、壮果肥（共1.45 kg/株）+鸡粪（12 kg/株）	108.7ab	98.7	10.53a	53.89ab	1.03abc	17b

续表

处理	商品果产量/(kg·亩$^{-1}$)	比对照增产/%	总糖/[g·(100 g)$^{-1}$]	维生素C/[mg·(100 g)$^{-1}$]	柠檬酸/[g·(100 g)$^{-1}$]	可溶性固形物/%
用量3：采果、壮梢、壮芽肥（共2.65 kg/株）+壮花、壮果肥（共2.15 kg/株）+鸡粪（12 kg/株）	110.5a	102	10.82a	49.87bc	0.91bcd	16.8b
用量4：采果、壮梢、壮芽肥（共3.3 kg/株）+壮花、壮果肥（共3 kg/株）+鸡粪（12 kg/株）	54.6abcd	-0.18	10.64a	46.21c	0.87d	17b
当地对照：15-15-15挪威复肥（2.75 kg/株）+鸡粪（15 kg/株）	54.7abcd	—	11.1a	49.13ab	0.94abcd	13c

注：①以上数据均为三次重复的平均值。
②当地对照施肥量：相当于氮、五氧化二磷、氧化钾均为412.5 g/株。
③配方施肥用量1至用量4：氮245～690 g/株、五氧化二磷245～690 g/株、氧化钾207.5～801 g/株。
④不同小写字母表示处理间差异达5%水平。

（二）无核黄皮系列专用肥的示范中试及其施用效果

优选配方经验证后，为了肥料生产和施用的可操作性，调整成壮梢肥和壮果肥2个专用肥配方，委托肥料厂将每个肥种试生产了20吨，在郁南县的4个镇15个果园进行了示范中试。

1. 无核黄皮系列专用肥对新秋梢生长的效果

表2-19和表2-20的结果显示，抽查的5个示范园，施壮梢肥的无核黄皮树新秋梢，均比对照区的粗壮，且多数花穗较长和开花较早，表明无核黄皮壮梢肥的应用可有效促进无核黄皮秋梢生长和花芽生长发育。

表2-19 代表性示范点施用郁南县无核黄皮壮梢专用肥对农艺性状的效果

园主	地址	施肥时间	肥料类别	新秋梢长/cm	新秋梢粗/cm	与对照的差异情况
区氏	建城镇便民村	8月20日	示范肥	21.8	0.7	梢更长、更粗
			对照肥	12.1	0.57	—
陆氏	建城镇便民村	8月16日	示范肥	26.3	0.76	梢更长、更粗
			对照肥	20.7	0.63	—
刘氏	建城镇便民村	8月17日	示范肥	27.2	0.75	梢更长、更粗
			对照肥	20.1	0.67	—
陈氏	都城镇新建村	8月7日	示范肥	18.8	0.63	梢更长、稍粗
			对照肥	14.3	0.59	—
黄氏	都城镇新城村	8月8日	示范肥	20.5	0.61	梢更长、更粗
			对照肥	9.2	0.48	—

注：调查时间为同年9月26日。

表2-20 代表性示范点施用郁南县无核黄皮系列专用肥的开花情况调查结果

园主	地址	肥料类别	调查时间：1月24日		调查时间：3月28日		
			出花芽情况	差异情况	花穗长/cm	开花情况	与对照的差异情况
区氏	建城镇便民村	示范肥	已出花芽	无明显差异	45.4	盛花期	花穗更长、更早开花
		对照肥	已出花芽	—	35	盛花期	—
陆氏	建城镇便民村	示范肥	部分出花芽	无明显差异	34.2	花蕾-初花期	花穗更短、花稍少
		对照肥	部分出花芽	—	40.7	花蕾-初花期	—
刘氏	建城镇便民村	示范肥	部分出花芽	无明显差异	36.5	初花期	无明显差异
		对照肥	部分出花芽	—	35.2	初花期	—
陈氏	都城镇新建村	示范肥	已出花芽	无明显差异	29.2	盛花期	花穗稍长
		对照肥	已出花芽	—	27.7	盛花期	—
黄氏	都城镇新城村	示范肥	未出花芽	无明显差异	38	花蕾期、未开花	花穗稍长
		对照肥	未出花芽	—	35.4	花蕾期、未开花	—

2. 无核黄皮系列专用肥对产量和果实品质的效果

根据表2-20的试验结果,为生产上方便操作,简单分为供营养生长期使用的壮梢专用肥和供生殖生长期使用的壮果专用肥2个肥料配方,在肥料厂的生产线上试加工,并在15个果园中进行示范性使用。

选择了表2-21的5个果园进行重点调查,结果显示,使用无核黄皮系列专用肥示范区的无核黄皮普遍比对照区的产量高,增产率普遍为21.4%~39%,最高的可增产123.6%。可溶性固形物含量提高0.68~2.8个百分点,5个果园中有3个果园的可溶性固形物含量提高2个百分点以上。总糖含量增加0.6~2.68 g/100 g,5个果园中有3个果园的总糖含量增加1 g/100 g 以上。而柠檬酸和维生素C的含量变化则无规律性。由此可见,科学合理施肥,不仅可使无核黄皮高产,而且能够提高无核黄皮品质。

表2-21 代表性示范点施用无核黄皮系列专用肥的产量和品质调查结果

园主(种植时间)	处理	产量/(kg·亩$^{-1}$)	增产/%	可食率/%	可溶性固形物/%	总糖/[g·(100 g)$^{-1}$]	柠檬酸/[g·(100 g)$^{-1}$]	维生素C/[mg·(100 g)$^{-1}$]
陆氏(2002年)	示范区	267.47*	—	71.91	15.22	14.31	1.07	39.73
	对照区	308.64*	—	68.49	16.33	15.92	1.103	36.16
刘氏(2002年)	示范区	366.75	123.6	62.69	18.02	17.15	1.13	43.74
	对照区	163.99		66.41	15.22	14.47	1.26	43.67
黄氏(1991年)	示范区	1 271.95	39	63.96	17.22	16.39	0.876	50.4
	对照区	914.87		66.66	14.86	14.76	0.909	50.8
区氏(2001年)	示范区	406.27	22.1	62.4	16.97	15.16	1.246	43.73
	对照区	332.7		64.42	14.86	14.56	1.087	43.83
陈氏(2001年)	示范区	315.72	21.4	63.92	14.72	13.62	1.224	38.38
	对照区	260.11		56.32	14.04	12.13	1.302	40.5

注:*表示陆氏果园的示范区在6月时曾遭受洪涝,因此其试验产量结果不计算增产率。

四、小　　结

（一）无核黄皮营养特性

不同的土壤肥力水平条件对无核黄皮叶片氮、镁、锌、锰、钼含量影响显著，而对磷、钾、钙、铜、铁、硼没有明显的影响。

无核黄皮在生长发育过程中对不同的营养元素在不同生长时期有不同的吸收峰和不同的吸收比例。绝大多数元素的吸收最高峰出现在中后期，即5—6月的果实膨大期；其次在前期，即在采果后的9—12月的营养生长期；再次在后期，即7—8月收获前的果实膨大至汁胞充实期。

叶片氮、磷、钾含量随着生育期的推进而下降，如果不及时加以补充，则会引起植株生长发育不良，导致产量和品质下降。钙和镁均是较难移动的元素，随着叶片的生长，钙含量呈明显上升趋势，而镁含量相对稳定。

（二）无核黄皮产量和品质与营养元素的相关性

磷、钙、镁与总糖，钾与维生素C，氮与柠檬酸有较大的正相关效应；氮和硼与维生素C有负相关效应。

（三）氮磷钾三要素比例对无核黄皮产量和品质的效应

适宜水平的氮磷钾按一定的比例配施对无核黄皮有明显的增产效果。本试验中增产效果最好的无核黄皮氮磷钾肥料配比为1∶1∶1.2。

果实的品质受多种因素的影响，氮磷钾在其中有着直接和间接的影响。本试验中可以看出适当增施氮钾可以提高无核黄皮果实中维生素C的含量，磷钾对果实中总糖含量的影响较大，磷对提高无核黄皮品质有重要作用。

（四）中量元素镁和微量元素硼的施用比例

硼镁配施均可使无核黄皮产量和大多数品质指标显著提高。其中两果园均以硼（8～10 g/株）配镁（80～100 g/株）处理的产量最高。只有适硼和适镁才能使无核黄皮获得最高产量，而适硼高镁、适硼低镁、适镁低硼、适镁高硼、高硼中镁均不能使无核黄皮获得最高产量。

（五）氮肥品种和中微量元素对无核黄皮秋梢生长的效应

从硝态氮、铵态氮、酰胺态氮几种不同形态氮及其不同品种氮肥配施对无核黄皮秋梢生长影响的试验发现，酰胺态氮与铵态氮各50%的处理，对无核黄皮秋梢生长的效果最好。

在采果肥中若施用与壮果肥等量的中微量元素会抑制无核黄皮

秋梢的生长，因此在8月采果前后只施合适比例的氮磷钾肥和有机肥，而不宜施中微量元素肥。

（六）无核黄皮专用肥中试示范效果

施无核黄皮壮梢肥的无核黄皮树，其新秋梢均比对照区的粗壮，且花穗较长和开花较早。无核黄皮壮梢肥的应用可有效促进无核黄皮秋梢生长和花芽生长发育。

示范区的无核黄皮普遍比对照区的产量高，增产率普遍为21.4%～39%，最高的可增产123.6%。可溶性固形物含量提高0.68～2.8个百分点，5个果园中有3个果园的可溶性固形物含量提高2个百分点以上。总糖含量增加0.6～2.68 g/100 g，5个果园中有3个果园的总糖含量增加1 g/100 g以上。

第三章
沙糖橘的营养需求特点与营养调控

根据《广东柑橘志》，沙糖橘又名十月橘，最初产自肇庆的四会市黄田镇沙塘坑村，现在是广东省四会、郁南、德庆、怀集、广宁、封开和广西荔浦县的传统土特产。沙糖橘是稳产丰产的柑橘品种之一，一般种植3年可结果，5年以后进入盛产期，单株产量有50～75 kg，高产者为175～200 kg。沙糖橘含有丰富的维生素C、纤维素、葡萄糖、果糖、蔗糖、苹果酸、柠檬酸、胡萝卜素、硫胺素、核黄素、烟酸、少量蛋白质、脂肪，以及钙、磷、镁、钠等人体必需的元素。沙糖橘味甘酸、性温，具有理气化痰、润肺清肠、补血健脾等功效；果形美观，皮色橙红，极易剥皮，食用方便；果汁高糖低酸，风味浓甜有香气，肉质脆嫩，因此很受欢迎并畅销全国。自20世纪90年代中后期以来，沙糖橘比普通的柑橘品种售价高1～2倍，其种植面积迅速扩大，成为广东省柑橘产业的主栽品种。郁南县目前种植沙糖橘28万亩，是广东省沙糖橘种植面积最大的县，因此现以郁南县沙糖橘为例，在各个不同生育时期进行了采样分析作调查，以研究沙糖橘的营养需求特点。

一、沙糖橘的营养需求

（一）沙糖橘结果树不同生育期的叶片营养状况

根据沙糖橘的物候期特点，分别将开花期的3月、幼果期的6月、果实膨大期的8月、果实成熟收获期兼花芽分化前期的12月，作为一个年生长周期。在选定的5个代表性沙糖橘果园，采集叶片，进行分析测定，结果见表3-1至表3-4。

1. 开花期的叶片营养元素含量

根据表3-1，郁南县沙糖橘开花期叶片氮、钾含量分别为

2.33%～3.072%和1.437%～1.722%，基本在适量范围；对照相应果园土壤（表1-7）的有效氮，除去1个低于表1-4的适量范围外，其余均在适量或接近适量的范围。而叶片磷含量为0.196%～0.292%，均高于适量范围。

叶片钙含量为1.101%～1.492%，均低于适量范围，其相应果园土壤有效钙含量也均在低量或缺乏的范围内。叶片镁含量为0.208%～0.269%，其中1个果园的在适量范围以下；对照相应果园土壤（表1-7）有效镁含量，基本在缺乏范围内。

叶片铜含量为10.83～16.01 mg/kg，基本低于适量范围；叶片锌含量为22.2～33.04 mg/kg，均在适量范围。叶片铁和锰的含量分别为40.62～57.2 mg/kg和18.17～113.76 mg/kg，基本在适量范围，但土壤有效锰含量较高的果园其叶片的锰含量也相应提高。叶片硼含量为24.01～47.03 mg/kg，也均在适量范围。

2. 幼果期的叶片营养元素含量

根据表3-2，6月幼果期叶片氮、磷、钙含量为1.876%～2.115%、0.076%～0.115%、1.04%～2.33%，普遍低于适量范围，且普遍低于开花期；叶片钾含量为0.915%～1.413%，有1/3低于适量范围，也普遍低于开花期；叶片镁含量为0.19%～0.27%，有2/3低于适量范围，但有1/3高于开花期；叶片铜含量为3.7～8.6 mg/kg，均低于适量范围；叶片锌含量为17.19～26.1 mg/kg，基本在适量范围，但低于开花期；叶片铁含量为41.66～94.56 mg/kg，有1/3稍低于适量范围；叶片锰含量为14.71～122.93 mg/kg，大多数在适量范围和高于开花期；叶片硼含量为26.28～63.02 mg/kg，均在适量范围，且普遍高于开花期。

3. 果实膨大期的叶片营养元素含量

根据表3-3，8月果实膨大期的叶片氮含量为2.571%～2.989%，均在适量范围，且普遍高于幼果期；叶片钾含量为0.993%～

1.628%，个别低于适量范围，但普遍高于幼果期；叶片磷含量为0.106%~0.131%，有1/2稍低于适量范围，普遍低于开花期而高于幼果期；叶片钙含量为1.11%~2.96%，有50%低于适量范围，但普遍高于幼果期和开花期；叶片镁含量为0.24%~0.36%，均在适量范围，也普遍高于幼果期和开花期；叶片铜含量为5.64~18.02 mg/kg，有2个果园在适量范围；叶片锌含量为24.13~39.01 mg/kg，均在适量范围，这个时期的锌含量高于幼果期但不是全部高于开花期；叶片铁、硼含量分别为57.09~147.67 mg/kg、26.73~81.83 mg/kg，均在适量范围，大部分高于幼果期和开花期；叶片锰含量为11.73~138.74 mg/kg，有1个老果园（富窝村上案）低于适量范围。

4. 果实成熟收获期兼花芽分化前期的叶片营养元素含量

12月，既是果实成熟收获期，又是花芽分化前期。根据表3-4，叶片氮含量为2.091%~2.399%，低于适量范围，普遍低于开花期和果实膨大期而高于幼果期；叶片磷含量为0.124%~0.145%，均在适量范围，高于果实膨大期（古丰村联城果园除外）和幼果期而低于开花期；叶片钾含量为0.701%~1.332%，除古丰村联城果园之外，其余的均在适量范围；叶片钙和铁的含量分别为2.536%~3.326%和82.06~165.74 mg/kg，基本在适量范围，大部分为全年最高；叶片镁含量为0.192%~0.314%，除大岗村岗罗果园和水台村下圳果园之外，其余的均在适量范围；叶片铜含量为5.994~9.333 mg/kg，均不在适量范围；叶片锌含量为20.81~42.06 mg/kg，均在适量范围，各生育期的变化较少，含量较稳定；叶片硼含量为36.59~97.99 mg/kg，均在适量范围；叶片锰含量为40.18~247.51 mg/kg，大多在适量范围，其中一个山坑田改种的果园（水台村下圳）叶片锰含量远超适量范围，这可能是由于地下水位较高造成土壤有效锰含量较高，锰的生物有效性较高，而引起树体对锰的过量吸收，使其各期的叶片锰含量均比其他果园高很多（表3-1至表3-4）。

第三章 沙糖橘的营养需求特点与营养调控

表3-1 沙糖橘开花期（3月）的叶片养分分析结果

地点	种植时间	果农	大中量元素/%						微量元素（mg·kg^{-1}）			
			N	P	K	Ca	Mg	Cu	Zn	Fe	Mn	B
桂圩镇桂连村百担	1998年	林氏	2.376	0.271	1.71	1.492	0.208	15.64	28.85	54.91	18.17	29.01
桂圩镇大岗村岗罗	2002年	陈氏	2.964	0.248	1.688	1.101	0.235	14.31	27.41	48.34	23	24.01
平台镇万桐村大田朗	2001年	苏氏	3.072	0.292	1.722	1.205	0.228	11.94	26.48	57.2	28.88	47.03
平台镇水台村丰下圳	2001年	朱氏	2.887	0.281	1.656	1.209	0.231	16.01	33.04	54.51	113.76	30.88
都城镇古丰村联城	2003年	伍氏	2.33	0.196	1.437	1.402	0.269	10.83	22.2	40.62	31.88	24.31
柑橘参考适宜值*			2.5~3.5	0.12~0.18	1~2.2	2~3.8	0.22~0.5	16~46	20~70	50~160	20~150	15~100

*数据来源：庄伊美，王仁玑，谢志南，等，1995，《柑桔、龙眼、荔枝营养诊断标准研究》，《福建果树》第1期。

表3-2 沙糖橘幼果期（6月）的叶片养分分析结果

地点	种植时间	果农	大中量元素/%						微量元素（mg·kg^{-1}）			
			N	P	K	Ca	Mg	Cu	Zn	Fe	Mn	B
桂圩镇桂连村百担	1998年	林氏	1.962	0.079	1.127	1.32	0.19	7.91	24.69	45.23	105.03	52.87
桂圩镇大岗村岗罗	2002年	陈氏	1.927	0.081	1.063	1.04	0.19	8.6	17.19	76.12	25.52	26.28
平台镇万桐村大田朗	2001年	苏氏	1.876	0.092	0.915	1.15	0.21	3.7	18.93	41.66	14.71	33.76
平台镇水台村丰下圳	2001年	朱氏	2.052	0.096	1.407	1.3	0.19	5.98	26.1	78.38	122.93	58.89
都城镇古丰村联城	2003年	伍氏	2.066	0.076	1.413	1.76	0.27	6.47	22.61	94.56	37.35	34.69
都城镇富窝村上案	1999年	欧氏	2.115	0.115	0.933	2.33	0.27	4.67	25.89	81.9	25.05	63.02
柑橘参考适宜值*			2.5~3.5	0.12~0.18	1~2.2	2~3.8	0.22~0.5	16~46	20~70	50~160	20~150	15~100

*数据来源：庄伊美，王仁玑，谢志南，等，1995，《柑桔、龙眼、荔枝营养诊断标准研究》，《福建果树》第1期。

表3-3 沙糖橘果实膨大期（8月）的叶片养分分析结果

地点	果农	种植时间	大中量元素/%						微量元素/(mg·kg^{-1})				
			N	P	K	Ca	Mg	Cu	Zn	Fe	Mn	B
桂圩镇桂连村百担	林氏	1998年	2.808	0.131	1.26	2.8	0.33	12.55	34.06	77.95	35	72.43
桂圩镇大岗村岗罗	陈氏	2002年	2.66	0.129	1.411	1.11	0.24	18.02	24.13	103.91	33.84	31.26
平台镇万桐村大田朗	苏氏	2001年	2.722	0.118	0.993	1.97	0.28	16.7	24.57	57.09	20.71	26.73
平台镇水台村下圳	朱氏	2001年	2.904	0.106	1.628	1.61	0.29	5.64	39.01	92.1	138.74	79.24
都城镇古丰村联城	伍氏	2003年	2.989	0.128	1.035	2.96	0.36	5.76	25.7	147.67	50.3	81.83
都城镇富窝村上桌	欧氏	1999年	2.571	0.109	1.162	2.35	0.33	9.58	29.48	75.83	11.73	66.35
柑橘参考适宜值*			2.5~3.5	0.12~0.18	1~2.2	2~3.8	0.22~0.5	16~46	20~70	50~160	20~150	15~100

*数据来源：庄伊美，王仁玑，谢志南，等，1995，《柑桔、龙眼、荔枝营养诊断标准研究》，《福建果树》第1期。

表3-4 沙糖橘果实成熟收获期兼花芽分化前期（12月）的叶片养分分析结果

地点	果农	种植时间	大中量元素/%						微量元素/(mg·kg^{-1})				
			N	P	K	Ca	Mg	Cu	Zn	Fe	Mn	B
桂圩镇桂连村百担	林氏	1998年	2.249	0.134	1.108	2.536	0.25	9.333	20.81	165.74	54.74	37.92
桂圩镇大岗村岗罗	陈氏	2002年	2.236	0.129	1.271	2.774	0.192	7.012	27.8	98.87	46.75	72.92
平台镇万桐村大田朗	苏氏	2001年	2.399	0.145	1.332	2.542	0.284	9.153	27.36	123.49	64.14	46.43
平台镇水台村下圳	朱氏	2001年	2.35	0.133	1.016	3.326	0.217	7.992	42.06	146.53	247.51	97.99
都城镇古丰村联城	伍氏	2003年	2.091	0.124	0.701	2.953	0.314	5.994	35.71	82.06	40.18	36.59
柑橘参考适宜值*			2.5~3.5	0.12~0.18	1~2.2	2~3.8	0.22~0.5	16~46	20~70	50~160	20~150	15~100

*数据来源：庄伊美，王仁玑，谢志南，等，1995，《柑桔、龙眼、荔枝营养诊断标准研究》，《福建果树》第1期。

（二）沙糖橘在不同生育期对营养的需求比例

表3-5显示，在各生育时期，各营养元素的含量比例不同。若将氮、磷、钾、钙、镁、铁、锰、铜、锌、硼各元素的指标设为氮：磷，氮：钾，氮：钙，氮：镁，磷：铜，磷：锌，磷：铁，磷：锰，磷：硼，沙糖橘在各物候期，氮：磷为1：（0.04~0.09），其中开花期要求的磷较高，其氮：磷为1：0.09，幼果期至成熟期的氮：磷为1：（0.04~0.06）。氮：钾为1：（0.45~0.6），其中开花期至幼果期要求的钾较高，其氮：钾为1：（0.57~0.6），果实膨大期至成熟期的氮：钾为1：（0.45~0.48）。氮：钙在各物候期变化较大，为1：（0.45~1.25），其中在开花期氮：钙最低，为1：0.45，之后逐渐升高，幼果期氮：钙为1：0.74，果实膨大期氮：钙为1：0.77，而成熟期对钙的要求最高，其氮：钙为1：1.25。氮：镁为1：（0.08~0.11），除在开花期稍低，为1：0.08之外，在其他各期均较为稳定，为1：0.11。

微量元素与磷的比例对树体的营养元素吸收影响较大，因此计算分析各微量元素与磷的比例。从表3-5可知，沙糖橘叶片的磷：铜为1：（0.005~0.01），其中在开花期最低，以后逐步升高，到果实膨大期最高，为1：0.01。磷：锌为1：（0.011~0.025），其中在开花期最低，为1：0.011，其他各期较为恒定，为1：（0.024~0.025）。磷：铁为1：（0.019~0.095），也是开花期最低，为1：0.019，其余各期为1：（0.077~0.095）。磷：锰1：（0.015~0.07），其中也是开花期最低，为1：0.015，其余为1：（0.041~0.07）。磷：硼除在开花期为1：0.013之外，其余各期稳定1：（0.045~0.05）的水平。可见开花期与其他各期之间的营养要求差异较大。

表3-5 5个沙糖橘果园的叶片元素平均含量和比例

采样时间	生育期	大中量元素/%						微量元素/(mg·kg⁻¹)				
		N	P	K	Ca	Mg	Cu	Zn	Fe	Mn	B
3月	开花期	2.79	0.26	1.68	1.255	0.24	13.4	27.7	50.29	37.99	34.65
6月	幼果期	2	0.09	1.14	1.48	0.22	6.22	22.57	69.64	55.1	44.92
8月	膨大期	2.77	0.12	1.25	2.13	0.3	11.4	29.49	92.43	48.39	59.64
12月	成熟期	2.26	0.13	1.09	2.83	0.25	7.89	30.75	123.3	90.66	58.37
采样时间	生育期	比例(x/N)						比例(x/P)				
		N	P	K	Ca	Mg	Cu	Zn	Fe	Mn	B
3月	开花期	1	0.09	0.6	0.45	0.08	0.005	0.011	0.019	0.015	0.013
6月	幼果期	1	0.05	0.57	0.74	0.11	0.007	0.025	0.077	0.061	0.05
8月	膨大期	1	0.04	0.45	0.77	0.11	0.01	0.025	0.077	0.041	0.05
12月	成熟期	1	0.06	0.48	1.25	0.11	0.006	0.024	0.095	0.07	0.045

(三)沙糖橘树体养分的季节性动态变化规律

根据几个果园的营养分析结果(表3-5、图3-1),不同生育时期的沙糖橘树体营养状况不同,呈动态变化。果实膨大期的叶片各元素含量普遍比幼果期的高,大中量元素氮、磷、钾、钙、镁含量均呈升高趋势,尤其是氮、钙、镁含量的升高趋势明显,升幅较大。结果表明这些需求量大的营养元素随着沙糖橘树的快速生长而加大吸收,说明不同生育期必须按其生长需求施肥,才能满足沙糖橘树生长发育的需要。

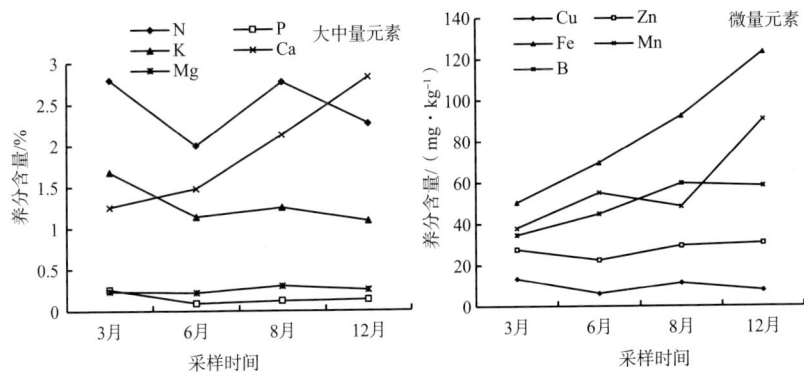

图3-1 代表性沙糖橘果园树体平均养分的季节性动态变化规律

(四)不同果园的沙糖橘树体营养元素含量差异

从图3-2的分析结果可看出,水田果园沙糖橘树体的大中量元素如氮、钾、钙、镁普遍含量较高,而坡地果园沙糖橘树体则是微量元素铜的含量较高,但容易固定磷元素的铁、锰则在水田果园的沙糖橘树体中含量较高,还有即使同是水田果园,其沙糖橘树体的铁、锰含量也有差异，这可能是由于不同地下水位对树体的铁、锰含量也有影响。因此，找出不同果园的沙糖橘营养元素含量差异有利于对症施肥。

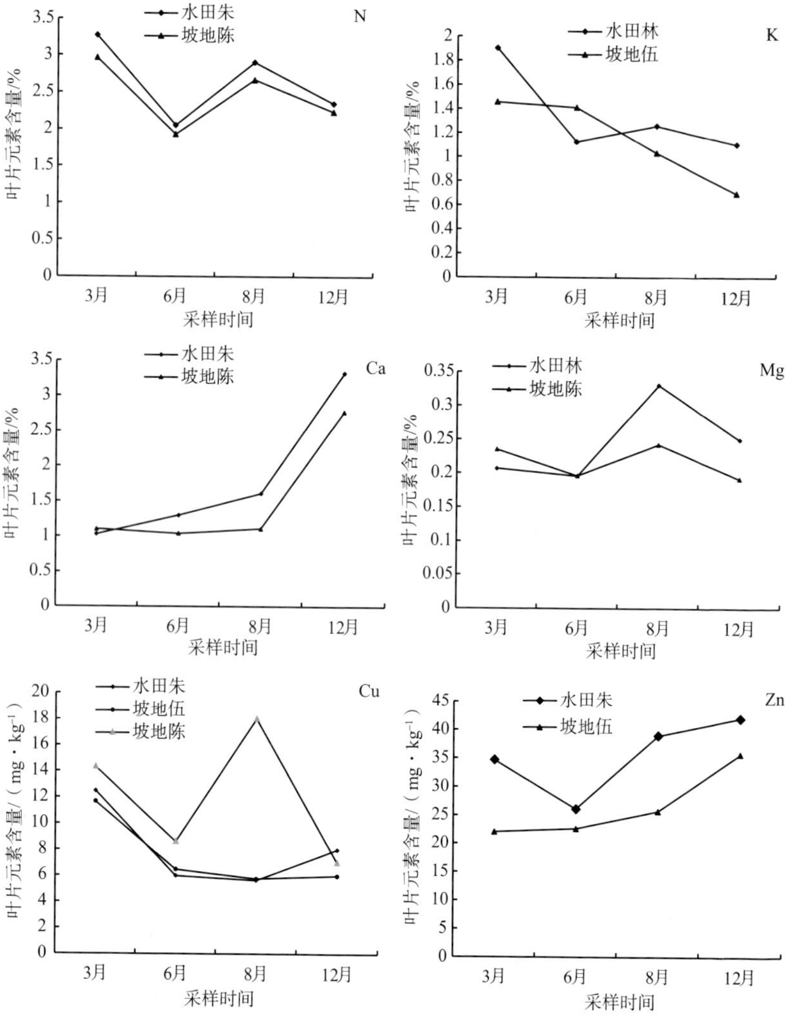

图3-2 不同果园沙糖橘树体的营养元素含量差异

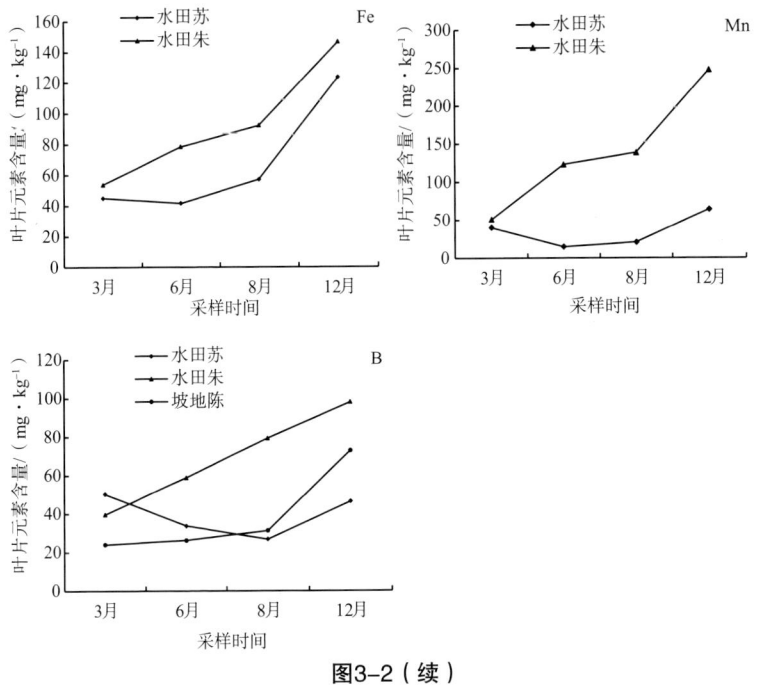

图3-2（续）

二、沙糖橘营养调控

（一）不同氮磷钾配比施肥对沙糖橘产量和品质的影响

根据表3-6的试验结果，7年树龄的桂圩镇大岗村试验果园中，9个处理中有2个处理的产量高于当地对照，其中$N_3P_3K_3$处理（全年用肥量为氮540 g/株、五氧化二磷300 g/株、氧化钾480 g/株）的产量（49.8 kg/株）、维生素C含量（21.21 mg/100 g）和可溶性固形物含量（14.1%）均最高；其次为$N_3P_2K_2$处理（全年用肥量为氮540 g/株、五氧化二磷200 g/株、氧化钾320 g/株），其产量（49.2 kg/株）、维生素C含量（18.87 mg/100 g）也较高。

而5年树龄的平台镇古勉村试验果园中，9个处理中有8个处理的产量高于当地对照，其中$N_2P_2K_2$处理（全年用肥量为氮360 g/株、五氧化二磷200 g/株、氧化钾320 g/株）的产量（36.4 kg/株）最高，其可溶性固形物含量也较高；其次为$N_2P_1K_2$处理（全年用肥量为氮360 g/株、五氧化二磷100 g/株、氧化钾320 g/株），产量为31.7 kg/株。

表3-6 不同氮磷钾配比施肥对沙糖橘产量和品质的影响

地点	处理	单株果数/个	单果重/g	单株产量/(kg·株$^{-1}$)	可食率/%	维生素C/[mg·(100 g)$^{-1}$]	柠檬酸/[g·(100 g)$^{-1}$]	可溶性固形物/%
桂圩镇大岗村（7年树龄）	$N_1P_1K_1$	1 312	38.6	46.8	81.2	19.95	0.527	13
	$N_1P_2K_2$	1 379	35.5	48	80.7	16.2	0.645	12.7
	$N_2P_1K_2$	1 298	37.2	45.7	80.1	17.32	0.524	12.2
	$N_2P_2K_1$	1 203	36.6	39.9	80.8	17.4	0.518	12.3
	$N_2P_2K_2$	1 236	37.7	43.7	79.5	17.86	0.578	12.8
	$N_3P_3K_3$	1 539	32.9	49.8	79.9	21.21	0.802	14.1
	$N_2P_2K_3$	1 324	33.2	43.6	78.8	16.29	0.555	13.2
	$N_3P_2K_2$	1 404	35.8	49.2	80.7	18.87	0.523	12.4
	$N_1P_2K_1$	1 330	34.4	44.8	79.1	17.86	0.556	12.4
	当地	1 390	35.5	48.4	78.3	18.09	0.651	13.6
平台镇古勉村（5年树龄）	$N_1P_1K_1$	596	43.7	26	76.2	22.33	0.531	14
	$N_1P_2K_2$	622	43.8	25.8	78.5	17.66	0.447	13.1
	$N_2P_1K_2$	694	45.2	31.7	78.4	18.62	0.451	12.3
	$N_2P_2K_1$	500	47	23.4	76.5	23.92	0.431	12.7
	$N_2P_2K_2$	824	45.6	36.4	75.7	21.63	0.462	13
	$N_3P_3K_3$	661	41.8	27.6	76.9	21.25	0.534	13.5
	$N_2P_2K_3$	576	44.1	25.1	74.7	24.75	0.443	12.2
	$N_3P_2K_2$	546	46.5	25.2	73.1	21.87	0.404	12.1
	$N_1P_2K_1$	657	44.2	29.1	74.2	24.46	0.43	12.9
	当地	573	44.9	25	75.2	23.96	0.472	12.9

注：①试验设计为"3414"不完全试验方案。氮、五氧化二磷、氧化钾2水平（$N_2P_2K_2$处理）全年总施用量为360 g/株、200 g/株、320 g/株，1水平＝2水平的0.5倍，3水平＝2水平的1.5倍。桂圩镇大岗村当地施肥的氮、五氧化二磷、氧化钾全年总用量为1 100 g/株、880 g/株、570 g/株；平台镇古勉村当地施肥的氮、五氧化二磷、氧化钾全年总用量为320 g/株、420 g/株、350 g/株。

②试验地土壤速效养分，桂圩镇大岗村氮101.7 mg/kg、磷13.1 mg/kg、钾96.9 mg/kg，平台镇古勉村氮156 mg/kg、磷51.6 mg/kg、钾205 mg/kg。

比较2个果园的试验结果，7年树龄的桂圩镇大岗村试验果园的氮磷钾试验中最高产处理是$N_3P_3K_3$，5年树龄的平台镇古勉村试验果园的氮磷钾试验中最高产处理是$N_2P_2K_2$，这是因为树龄不同、树的目标产量不同。说明本试验设计的比例是较合理的，但即使相同的施肥比例，施肥量还要根据树龄大小（目标产量多少）去选择，即因树施肥。

（二）施用不同镁肥原料的效果

根据前面对果园的土壤调查结果，绝大多数果园土壤均缺乏镁，果园必须施适量镁肥才有可能获得高产优质的生产效果；因此进行了一些沙糖橘施镁肥的田间试验。

表3-7的结果显示，在2个不同果园施含等量镁的2种镁肥原料，效果相当，但镁肥原料1比原料2的效果稍好。

7年树龄的桂圩镇大岗村试验果园土壤中有效镁含量较低，处于缺乏水平，因此在施氮磷钾的条件下，施用2种不同原料的镁肥与不施镁肥对照相比，均可提高沙糖橘结果数量，而对提高可溶性固形物含量和维生素C含量等品质指标，即改善品质的效果，则是镁肥原料1较好。

5年树龄的平台镇古勉村试验果园土壤中有效镁含量高于桂圩大岗村的，因此其施镁肥的增产效果比不上桂圩大岗村试验园，但在改善品质方面还是有一定效果。所以中量元素必须有选择性地施用，不可盲目施用。

表3-7 施不同镁肥原料对沙糖橘产量和品质的影响

方案	处理	单株果数/个	单果重/g	单株产量/(kg·株$^{-1}$)	可食率/%	维生素C/[mg·(100 g)$^{-1}$]	柠檬酸/[g·(100 g)$^{-1}$]	可溶性固形物/%
桂圩镇大岗村（7年树龄）	NPK+Mg$_2$（镁肥原料1）	1 468	36.5	52.1	79	18.41	0.771	13.6
	NPK+Mg$_2$（镁肥原料2）	1 431	36.2	51.4	78.3	16.24	0.657	12.9
	NPK对照	1 236	37.7	43.7	79.5	17.86	0.578	12.8
平台镇古勉村（5年树龄）	NPK+Mg$_2$（镁肥原料1）	694	41.5	28.6	77.1	19.98	0.623	12.6
	NPK+Mg$_2$（镁肥原料2）	588	49.5	28.7	78.1	23.17	0.425	12.6
	NPK对照	824	45.6	36.4	75.7	21.63	0.462	12

注：①Mg$_2$代表镁施用量为2水平，即50 g/（株·年$^{-1}$）。
②镁肥原料1为硫酸镁（含镁20%），镁肥原料2为轻烧氧化镁（含镁30%，是菱镁矿经600℃轻烧而成）。
③氮磷钾施用量为氮360 g/（株·年$^{-1}$）、五氧化二磷200 g/（株·年$^{-1}$）、氧化钾320 g/（株·年$^{-1}$）。
④试验地土壤有效镁为桂圩镇大岗村23.1 mg/kg，平台镇古勉村71.3 mg/kg。

（三）施不同微量元素的效果

表3-8显示，7年树龄的桂圩镇大岗村试验果园，在施相同水平氮磷钾的条件下，单独施用不同品种的微量元素（硼、锌、钼）均可有效提高沙糖橘结果数量。

5年树龄的平台镇古勉村试验果园，在施相同水平氮磷钾条件下，单独施用不同品种的微量元素（硼、锌、钼）均未能有效提高沙糖橘结果数量，这可能是由于该果园土壤中的硼、锌等微量元素含量均较高（见表1-7的土壤分析结果）。所以微量元素必须根据果园土壤养分情况有选择性地施用，而不可盲目施用。

表3-8 施不同微量元素对沙糖橘产量和品质的影响

试验地点	处理	单株果数/个	单果重/g	单株产量/（kg·株$^{-1}$）	可食率/%	维生素C/[mg·（100 g）$^{-1}$]	柠檬酸/[g·（100 g）$^{-1}$]	可溶性固形物/%
桂圩镇大岗村（7年树龄）	NPK+B	1 354	37.3	48	80.1	16.17	0.645	12.7
	NPK+Zn	1 551	35.2	53.6	78.6	18.55	0.608	12.2
	NPK+Mo	1 459	33.7	46.9	78.4	18.68	0.74	12.5
	NPK对照	1 236	37.7	43.7	79.5	17.86	0.578	12.8
平台镇古勉村（5年树龄）	NPK+B	687	42.3	28.2	76.5	22.28	0.426	12.1
	NPK+Zn	670	47.8	32.1	77.7	21.55	0.579	12.5
	NPK+Mo	633	44.6	28	72.8	22.8	0.376	12.7
	NPK对照	824	45.6	36.4	75.7	21.63	0.462	12

注：①氮磷钾施用量为氮360 g/（株·年$^{-1}$）、五氧化二磷200 g/（株·年$^{-1}$）、氧化钾320 g/（株·年$^{-1}$）。
②施硼处理用量为5 g/（株·年$^{-1}$），施锌处理用量为9 g/（株·年$^{-1}$），施钼处理用量为0.2 g/（株·年$^{-1}$）。
③试验地土壤有效硼为桂圩镇大岗村0.23 mg/kg，平台镇古勉村3.16 mg/kg；土壤有效锌为桂圩镇大岗村2.56 mg/kg，平台镇古勉村9.38 mg/kg。

（四）施不同组合中微量元素的效果

表3-9显示，7年树龄的桂圩镇大岗村试验果园，在施相同水平氮磷钾条件下，施用不同组合中微量元素（硼、锌、镁）的处理，与氮磷钾（NPK）对照相比大多数可提高单株产量和可溶性固形物含量；进一步对表3-9的产量结果进行直观统计分析（表3-10），统计结果显示，该果园的中微量元素硼、锌、镁的最优组合比例为$B_2Zn_2Mg_2$ [即用量为硼5 g/（株·年$^{-1}$）、锌9 g/（株·年$^{-1}$）、镁50 g/（株·年$^{-1}$）]，该处理的单株产量（53.7 kg/株）可比NPK对照产量（43.7 kg/株）提高22.88%。

5年树龄的平台镇古勉村试验园表明（由于统计结果不显著，表3-10不列其直观分析结果），在相同水平氮磷钾条件下，不论是单独施用不同品种的中微量元素（包括硼、锌、镁），还是施用不同组合的中微量元素（硼、锌、镁）均未能有效提高沙糖橘结果数量，这可能是由于该果园土壤中的硼、锌、镁等中微量元素含量均较高（表

1-7)。所以再次反映出中微量元素必须有选择性地施用,而不可盲目施用,必须要根据土壤的缺乏情况来决定是否需要施用。

表3-9 施不同组合的中微量元素(硼、锌、镁)对沙糖橘产量和品质的影响

试验地点	处理	单株果数/个	单果重/g	单株产量/(kg·株$^{-1}$)	可食率/%	维生素C/[mg·(100 g)$^{-1}$]	柠檬酸/[g·(100 g)$^{-1}$]	可溶性固形物/%
桂圩镇大岗村(7年树龄)	NPK+B$_1$Zn$_1$Mg$_1$	1 356	36.2	44.7	80.1	16.5	0.626	12.9
	NPK+B$_1$Zn$_2$Mg$_2$	1 398	38.5	51.2	80.1	16.55	0.587	12
	NPK+B$_2$Zn$_1$Mg$_2$	1 267	37.7	43.1	80	18.76	0.62	12.4
	NPK+B$_2$Zn$_2$Mg$_1$	1 376	39.1	49	80.9	16.41	0.683	13
	NPK+B$_2$Zn$_2$Mg$_2$	1 552	38.4	53.7	78.5	18.09	0.635	13.2
	NPK+B$_2$Zn$_2$Mg$_3$	1 333	38.7	47.3	79.5	17.23	0.6	12.9
	NPK对照	1 236	37.7	43.7	79.5	17.86	0.578	12.8
平台镇古勉村(5年树龄)	NPK+B$_1$Zn$_1$Mg$_1$	566	51.7	26.6	77.1	18.48	0.474	12.5
	NPK+B$_1$Zn$_2$Mg$_2$	735	39.6	29.6	78.1	22.18	0.46	13.5
	NPK+B$_2$Zn$_1$Mg$_2$	731	48.5	34	78	19.12	0.429	12.4
	NPK+B$_2$Zn$_2$Mg$_1$	610	45.1	26.7	78.5	23.11	0.523	13.3
	NPK+B$_2$Zn$_2$Mg$_2$	641	44.3	28	78	24.06	0.552	14.2
	NPK+B$_2$Zn$_2$Mg$_3$	716	45.6	31.4	78.1	19.72	0.456	12.4
	NPK对照	824	45.6	36.4	75.7	21.63	0.462	12

注:试验采用中微量元素硼锌镁3因素2水平正交试验方案,氮磷钾用量同表3-8。硼施肥处理为1水平(B$_1$)施2.5 g/(株·年$^{-1}$),2水平(B$_2$)施5 g/(株·年$^{-1}$);锌施肥处理为1水平(Zn$_1$)施4.5 g/(株·年$^{-1}$),2水平(Zn$_2$)施9 g/(株·年$^{-1}$);镁施肥处理为1水平(Mg$_1$)施25 g/(株·年$^{-1}$),2水平(Mg$_2$)施50 g/(株·年$^{-1}$),3水平(Mg$_3$)施75 g/(株·年$^{-1}$)。

表3-10 不同组合的中微量元素(硼、锌、镁)配施对沙糖橘产量影响的直观分析

试验地点	处理	单株产量/(kg·株$^{-1}$)	平均K值	B	Zn	Mg
桂圩镇大岗村(7年树龄)	NPK+B$_1$Zn$_1$Mg$_1$	44.7	K1	47.95	44.05	46.85
	NPK+B$_1$Zn$_2$Mg$_2$	51.2	K2	48.7	50.3	52.45
	NPK+B$_2$Zn$_1$Mg$_2$	43.1	K3	—	—	48.9
	NPK+B$_2$Zn$_2$Mg$_1$	49	R(极差)	0.75	6.25	5.6
	NPK+B$_2$Zn$_2$Mg$_2$	53.7	效应:Zn>Mg>B			
	NPK+B$_2$Zn$_2$Mg$_3$	47.3	最佳组合:B$_2$Zn$_2$Mg$_2$			
平台镇古勉村(5年树龄)	NPK+B$_1$Zn$_1$Mg$_1$	26.6	—			
	NPK+B$_1$Zn$_2$Mg$_2$	29.6	—			
	NPK+B$_2$Zn$_1$Mg$_2$	34	—			
	NPK+B$_2$Zn$_2$Mg$_1$	26.7	—			
	NPK+B$_2$Zn$_2$Mg$_2$	28				
	NPK+B$_2$Zn$_2$Mg$_3$	31.4				

(五)配施有机废物(木薯渣)的效果

广东省郁南县西江淀粉厂每年产生废弃物木薯渣1万t以上,废物排放和污染物治理增加了企业的经营成本。木薯渣营养成分丰富,含矿物质、纤维素、半纤维素、蛋白质、氨基酸、脂肪、糖类和各种维生素等。鉴于企业有意向利用淀粉厂的工业废弃物木薯渣和废液制作成复合肥,本研究进行了沙糖橘施木薯渣的效果试验。

表3-11的试验结果显示,7年树龄的桂圩镇大岗村试验果园,在施无机氮磷钾肥的基础上配施木薯渣,可提高沙糖橘单株果数、维生素C含量和可溶性固形物含量。5年树龄的平台镇古勉村试验果园,在施无机氮磷钾肥的基础上配施木薯渣也可有效提高沙糖橘单株果数、单果重和单株产量。2个果园的试验结果均显示,施用木薯渣可促进沙糖橘果树生长,有效提高产量。

表3-11 配施木薯渣对沙糖橘产量和品质的影响

方案	处理	单株果数/个	单果重/g	单株产量/(kg·株$^{-1}$)	可食率/%	维生素C/[mg·(100 g)$^{-1}$]	柠檬酸/[g·(100 g)$^{-1}$]	可溶性固形物/%
桂圩镇大岗村(7年树龄)	NPK+木薯渣	1 317	35	41.5	78.3	19.33	0.834	14
	NPK对照	1 236	37.7	43.7	79.5	17.86	0.578	12.8
	当地施肥(复合肥+有机肥)	1 390	35.5	48.4	78.3	18.09	0.651	13.6
平台镇古勉村(5年树龄)	NPK+木薯渣	729	49.1	35.5	77.3	21.75	0.513	12.9
	当地施肥(复合肥+有机肥)	573	44.9	25	75.2	23.96	0.472	12.9

注:试验处理氮磷钾全年总施用量为氮360 g/株、五氧化二磷200 g/株、氧化钾320 g/株。桂圩镇大岗村当地施肥的氮、五氧化二磷、氧化钾全年总施用量分别为1 100 g/株、880 g/株、570 g/株;平台镇古勉村当地施肥的氮、五氧化二磷、氧化钾全年总施用量分别为320 g/株、420 g/株、350 g/株。

(六)合理施肥对沙糖橘树体营养的调控效果

根据表3-12的5个代表性果园各3个果样的数据计算,每生产1 t的沙糖橘,平均需从土壤中带走的养分:氮1.242 kg、磷0.138 kg、钾1.366 kg、钙0.476 kg、镁0.126 kg、铜0.72 g、锌0.97 g、铁2.466 g、锰1.58 g、硼1.338 g。

表3-12 单位鲜果养分吸收量

地点	N/(kg·t^{-1})	P/(kg·t^{-1})	K/(kg·t^{-1})	Ca/(kg·t^{-1})	Mg/(kg·t^{-1})	Cu/(g·t^{-1})	Zn/(g·t^{-1})	Fe/(g·t^{-1})	Mn/(g·t^{-1})	B/(g·t^{-1})
桂圩镇桂连村百担	0.94	0.1	1.03	0.4	0.11	0.61	0.74	2.37	0.81	1.14
桂圩镇大岗村岗罗	1.44	0.15	1.61	0.52	0.12	0.75	0.97	2.11	1.03	1.7
平台镇万桐村大田朗	1.28	0.15	1.5	0.44	0.14	0.74	1.11	2.54	1.23	1.17
平台镇水台村下圳	1.15	0.13	1.29	0.39	0.12	0.71	0.9	2.29	3.94	1.56
都城镇古丰村联城	1.4	0.16	1.4	0.63	0.14	0.79	1.13	3.02	0.89	1.12

据报道,柑橘结果树1年新生长增加的生长量中吸收的氮量有27.4%运至果实,其余72.6%运至树叶、树枝、树干、树根等部位。据此推算,每株沙糖橘树(产50 kg果计)每年必须从土壤中吸收纯氮226.64 g,氮肥利用率以30%~35%计算,则每生产1 t沙糖橘,理论上每年必须通过施肥补充12.95~15.11 kg的纯氮。根据一般柑橘树的氮磷钾的施肥比例,理论上可推算出生产1 t沙糖

橘全年应施氮12.95~15.11 kg，五氧化二磷7.77~9.1 kg，氧化钾12.95~15.11 kg。

据此在几个有代表性的沙糖橘果园配成模拟专用肥作为试验肥，进行了简单对比施肥试验，第2年的3月对各施肥试验果园采样调查了树体营养变化状况。图3-3的数据表明，施试验肥区的沙糖橘树体氮、磷、钾、钙、镁、硼的含量普遍比对照的有提高，且可有效控制水田的过量锰对树体产生的毒害。

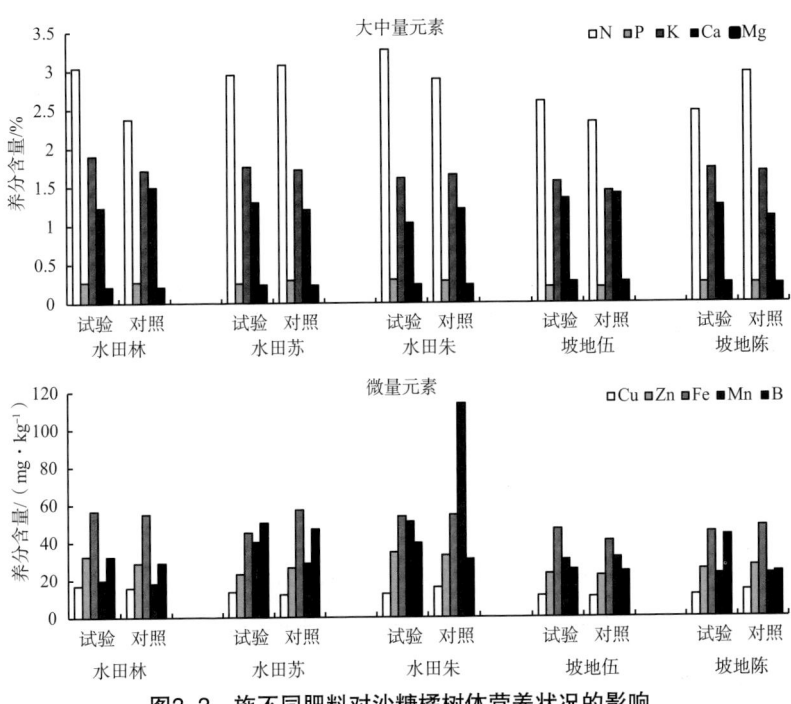

图3-3 施不同肥料对沙糖橘树体营养状况的影响

根据每次到果园观察实况，施模拟专用肥区（试验肥）的果树挂果枝的挂果量较密，叶片较少出现缺素斑；而对照施肥区则挂果量较疏，叶片较多出现缺素斑（图3-4）。

施模拟专用肥区的果树挂果较密

对照区的果树挂果较疏

施模拟专用肥区果树叶片较少出现缺素斑

对照区果树叶片多数出现缺素斑

图3-4　郁南县沙糖橘施模拟专用肥的效果

（七）沙糖橘系列专用肥的研制及其对产量和品质的影响

利用淀粉厂的工业废弃物木薯渣和废液做原料，并经无害化处理，可以变废为宝，使资源得到充分利用，环境得到改善。根据沙糖橘在物候期的需肥要求，配以一定比例的无机养分，研制出适合郁南县沙糖橘等果树生长的专用有机无机配方肥，所研制的模拟系列专用有机无机配方肥含有机质15%以上，氮磷钾总养分25%以上，分壮梢肥和壮果肥两种。分别在郁南县代表性果园沙糖橘的不同物候期进行效果表征试验（表3-13）。

表3-13的结果显示，与对照区（盲目施肥，普遍施肥不合理）相比，在郁南县5个代表性的沙糖橘果园施用模拟专用肥，能增长春梢，提高可食率，提高可溶性固形物含量和总糖含量，降低柠檬酸含量，还可不同程度地显著提高产量。其中，平台镇古勉村单株产量提高37.3%，桂圩镇桂连村百担单株产量提高110.2%，桂圩镇大岗村岗罗单株产量提高16.5%，平台镇万桐村大田朗单株产量提高32.6%，都城镇古丰村联城单株产量提高57.1%。因此理论推算2种配方有提高产量和增糖降酸的效果，这与其能有效地调控沙糖橘的树体营养有关。

表3-14的试验结果显示，在7年树龄的桂圩镇大岗村沙糖橘试验果园，2个施不同用量专用肥处理的单株产量均明显高于对照区的，分别提高了8.17%和23.27%。该果园施肥量较高的处理产量较高，且维生素C含量和可溶性固形物含量均高于对照区的。

在5年树龄的平台镇古勉村沙糖橘试验果园，2个施不同用量专用肥处理的单株产量分别比当地对照区显著提高45.6%和10.4%，其中施专用肥较低量的处理比较高量的处理产量更高，其各品质指标也有不同程度的提高。

不同用肥量的试验结果显示，2个不同树龄果园施试验肥后的产量均明显高于当地对照区的，但其对专用肥不同用量有不同反应，树龄大的果园是施肥用量大的处理产量较高，而树龄较小的果园是施肥用量较少的处理产量较高。结果说明所试验专用肥的配方是合理的，但不同树龄（不同目标产量）的果园施肥用量要合理，树龄大的果园用肥量要相应增加，树龄小的果园用肥量要相应减少，才能获得更高的产量和更好的品质。

表3-13 试验果园施模拟沙糖橘专用肥的效果调查

地点	处理	全年施肥量/(g·株⁻¹)			春梢长/cm	单株产量/(kg·株⁻¹)	可食率/%	可溶性固形物/%	总糖/[g·(100 g)⁻¹]	维生素C/[mg·(100 g)⁻¹]	柠檬酸/[g·(100 g)⁻¹]
		N	P	K							
平台镇古勉村	专用肥区	360	200	320	—	33.1	79.2	16.2	15.44	18.88	0.882
	对照区	524	1 247	957	—	24.1	77.8	13.6	15.13	19.04	0.983
桂圩镇桂连村百担	专用肥区	425.5	347	494	7.2	66.2	78.8	10.6	9.58	17.18	0.496
	对照区	528	491	489	5.6	31.5	78.5	10.4	9.46	20.13	0.572
桂圩镇大岗村岗罗	专用肥区	425.5	347	494	9.4	40.2	81.6	15.5	14.37	20.29	1.074
	对照区	450	450	450	8.1	34.5	80.6	15.2	13.86	22.3	1.283
平台镇万桐树大田朗	专用肥区	425.5	347	494	18.9	37.0	79.9	16.2	14.95	20.48	1.071
	对照区	675	435	675	15.9	27.9	79.3	15.5	14.6	23.71	1.125
都城镇古丰村联城	专用肥区	300	243	348	—	19.8	78.7	15.5	14	20.64	1.112
	对照区	272	157	276	—	12.6	78.3	15.4	13.74	23.52	1.246

注：①表中专用肥区的全年施肥量在实际施用时是分壮梢肥和壮果肥2个配方。壮梢肥的氮含量占全年施氮量的53.9%，在采果后至4月分2次施，其氮：五氧化二磷：氧化钾为1：0.29：0.57；壮果肥的氮含量占全年施氮量的46.1%，其氮：五氧化二磷：氧化钾为1：0.5：1.12，在7—11月分2次施。
②"—"表示未查。

第三章 沙糖橘的营养需求特点与营养调控

表3-14 两个果园施用不同量的沙糖橘专用肥料的试验结果

地点	处理号	处理	单株果果数/个	单果重/g	单株产量/(kg·株$^{-1}$)	可食率/%	维生素C/[mg·(100 g)$^{-1}$]	柠檬酸/[g·(100 g)$^{-1}$]	可溶性固形物/%
桂圩镇大岗村	1	沙糖橘专用生物有机无机配方肥3 kg	1 236	37.7	43.7	79.5	17.86	0.578	12.8
	2	沙糖橘专用生物有机无机配方肥4.6 kg	1 539	32.9	49.8	79.9	21.21	0.802	14.1
	3	当地常规施肥区	1 390	30.5	40.4	78.3	18.09	0.651	13.6
平台镇古勉村	1	沙糖橘专用生物有机无机配方肥3 kg	824	45.6	36.4	75.7	21.63	0.462	13
	2	沙糖橘专用生物有机无机配方肥4.6 kg	661	41.8	27.6	76.9	21.25	0.534	13.5
	3	当地常规施肥区	573	44.9	25	75.2	23.96	0.472	12.9

注:①桂圩镇大岗村当地施肥的氮、五氧化二磷、氧化钾全年总施用量分别为320 g/株、420 g/株、350 g/株。平台镇古勉村当地施肥的氮、五氧化二磷、氧化钾全年总施用量分别为1 100 g/株、880 g/株、570 g/株。
②试验处理1和处理2的全年施氮量分别为360 g/株和540 g/株。

三、郁南县沙糖橘与四会市原产地沙糖橘品质比较

表3-15显示，施了专用肥后，土壤母质同为砂页岩的郁南县沙糖橘果园的沙糖橘品质指标，如总糖和可溶性固形物，并没有逊色于四会市果品性状较好的两个场的沙糖橘品质指标。平台镇古勉村钱氏果园沙糖橘总糖和可溶性固形物的含量分别为15.44 g/100 g和16.2%，平台镇万洞村苏氏果园沙糖橘总糖和可溶性固形物的含量分别为14.95 g/100 g和16.2%，桂圩镇大岗村陈氏果园沙糖橘总糖和可溶性固形物的含量分别为14.37 g/100 g和15.5%，而土壤母质为花岗岩的都城镇古丰村伍氏果园，施了专用肥后的果品品质指标，如总糖和可溶性固形物，其含量分别达到14 g/100 g和15.5%，可以赶上四会市品质较好的地豆场（其总糖和可溶性固形物的含量分别为10.76 g/100 g和12.1%），甚至赶上四会市品质最好的华贡园（其总糖和可溶性固形物的含量分别为14.5 g/100 g和15.8%）。只有桂圩镇桂连村由花岗岩母质的老水田改种的果园由于养分未跟上而导致品质稍差，但施了专用肥的品质仍比对照区的品质有所提高，尤其是增糖降酸的效果较明显。

表3-15 郁南县和四会市两地沙糖橘鲜样品质测定结果

地点	园主	土壤母质	处理	单果重/g	单株果数/个	单株产量/(kg·株⁻¹)	可食率/%	果肉水分/%	果皮水分/%	总糖/[g·(100 g)⁻¹]	维生素C/[mg·(100 g)⁻¹]	柠檬酸/[g·(100 g)⁻¹]	可溶性固形物/%
郁南县平台古勉	钱氏	砂页岩	专用肥	38.4	845	33.1	79.2	824.7	688.3	15.44	18.88	0.882	16.2
			对照肥	36.1	685	24.1	77.8	825.3	688.9	15.13	19.04	0.983	16
郁南县平台万洞	苏氏	砂页岩	专用肥	26.2	1 418	37	79.9	819.3	693	14.95	20.48	1.071	16.2
			对照肥	24.7	1 162	27.9	79.3	829.5	701.1	14.6	23.71	1.125	15.5
郁南县桂圩桂连	林氏	花岗岩母质的水田	专用肥	36.4	1 719	66.2	78.5	883.3	763	9.58	20.13	0.496	10.6
			对照肥	34.8	902	31.5	78.8	870.6	759.3	9.46	17.18	0.572	10.4
郁南县桂圩大岗	陈氏	砂页岩	专用肥	31.2	1 370	40.2	81.6	830.5	715.5	14.37	20.29	1.074	15.5
			对照肥	32.2	1 166	34.5	80.6	827.8	710.2	13.86	22.3	1.233	15.2
郁南县都城古丰	伍氏	花岗岩	专用肥	28.8	767	19.8	78.7	832.8	713.2	14	20.64	1.112	15.5
			对照肥	25.9	497	12.6	78.3	826.6	705.1	13.74	23.52	1.246	15.4
四会市地豆场	—	砂页岩	果品性状较好场	33.7	—	—	—	852.5	738.2	10.76	17.18	1.098	12.1
四会市华贡园	—	砂页岩	果品性状最好场	34.9	—	—	—	830.2	700.4	14.5	20.23	1.121	15.8

注："—"表示未查。

四、小 结

（一）沙糖橘叶片营养元素的季节性变化可反映树体在各物候期对各养分的生理需求

前人研究了脐橙、柑橘和沙糖橘等果实发育过程中果实样品大量矿质营养元素的含量变化，发现脐橙、柑橘在幼果初期果实的氮、磷、硫含量最高，钾含量在整个过程中变化最少，而在果实汁胞充实期氮、磷、钾、镁、硫含量达到最小值；沙糖橘果实的氮、磷含量在坐果期最高，而钾则相反，其含量在幼果期至果实膨大期显著高于坐果期和第一次生理落果期。相比之下，本书中沙糖橘各物候期的叶片分析结果，反映出沙糖橘在开花期对氮、磷的需求最高，在开花期至幼果期对钾的需求最高，这与前人对柑橘果实矿质养分研究的结果相吻合。钙和铜的需求量在开花期最低，之后逐渐升高，成熟期达到最高；而镁、锌、铁、锰、硼的需求量均在开花期稍低，但是在各生育期较为稳定。因此沙糖橘不同物候期的叶片分析结果可反映出果园各时期的需肥量，是确定果园施肥时期的重要依据。

（二）不同类型果园的沙糖橘树体存在营养差异

水田种植的沙糖橘树体中大量元素氮、磷、钾的含量和中量元素钙、镁的含量普遍高于山坡种植的；前者微量元素铜、锌、硼的含量低于后者，而微量元素铁、锰的含量有相反的趋势。这可能与不同类型果园的土壤母质和地下水位造成的不同果园生态环境条件有关。

（三）根据果实分析结果可推算果园的施肥量

前人通过研究果园土壤养分状况，进行连续几年的田间试验，获得较好的柑橘氮磷钾施肥配方。笔者根据多个果园的数据分析，得出生产1 t的沙糖橘，需氮1.242 kg、磷0.138 kg、钾1.366 kg、钙0.476 kg、镁0.126 kg、铜0.72 g、锌0.97 g、铁2.466 g、锰1.58 g、硼1.338 g，再根据肥料利用率和柑橘类果树的氮磷钾施肥比例，推算生产1 t沙糖橘时全年应施氮12.95～15.11 kg、五氧化二磷7.77～9.1 kg、氧化钾12.95～15.11 kg。经对比试验，发现推算的施肥配方可有效提高沙糖橘产量和品质，这表明其可有效调控沙糖橘的树体营养。

（四）施肥合理可改善非原产地果品的品质

合理施肥可通过有效增糖降酸以提高沙糖橘果品质量，可明显减少非原产地果品与原产地果品的品质差异，甚至赶超原产地果品的品质。

第四章
沙田柚的营养需求特点

沙田柚因具有果大，质优，果肉化渣爽口、味清甜、有蜜味、香气浓，耐贮藏，适应性广等优良特性，不但深受消费者喜爱，而且享誉海内外。沙田柚是我国栽培面积最大、产量最多、分布最广的柚类良种。

一、沙田柚的营养需求

（一）沙田柚叶片不同生育时期的矿质元素含量

优质高产树的营养叶片在各时期的某种养分含量，反映出树体在各个时期对某种养分的需求量和需求比例，据此再考虑肥料利用率参数，供施肥时参考。

由表4-1可以看出，不同管理水平的2个果园的沙田柚营养叶片中各元素，在不同的生育时期均有不同的含量，且各元素之间的比例在各时期也不同，表明不同管理水平和不同生育期的柚树营养状况不同，必须根据不同土壤养分状况和不同生育期施用不同元素和不同比例的肥料。

1. 优质果树

以横石园（1987年）为例讨论。

（1）春梢老熟、生理落果期（4月）

优质果树叶片中的大中量元素，以钙和氮的含量最高，其次是钾和镁的含量，磷的含量最低。微量元素中含量最高的是铁和锌，其次为锰和铜，最低的是硼和钼。

（2）夏梢萌发、果实迅速膨大期（5月）

大中量元素以钾的含量最高，其次为氮和钙的含量，再次为镁的含量，磷的含量仍是最低。微量元素中含量最高的仍然是铁和锌，其次是硼、锰和铜，最低的仍是钼。

第四章 沙田柚的营养需求特点

表4-1 两个不同管理水平果园的沙田柚不同生育时期叶片的元素含量

地点（种植时间）	树性	采样日期	大中量元素/（g·kg^{-1}）					微量元素/（mg·kg^{-1}）					
			N	P	K	Ca	Mg	Fe	Mn	Cu	Zn	B	Mo
白沙坪园（1992年）	优质	5月9日	20.23	0.82	7.67	14.2	3.59	53.4	23.8	17.59	94.8	10.6	0.015 6
		7月7日	18.12	1.31	20.77	12.92	2.62	87.6	23.9	13.33	24.05	66.5	0.221 9
		9月9日	15.42	0.55	5.59	16.95	0.85	6.91	14.07	59.34	32.55	97.1	0.305
		10月29日	24.24	1.34	12.73	21.95	2.38	47.92	35.21	7.39	22.95	100.8	0.293 4
		12月8日	20.05	0.72	8.18	22.04	1.21	143.3	61.19	14.86	24.6	58.4	0.302
	退化	5月9日	14.62	1.03	8.86	10.04	2.96	76.7	16.3	22.39	140.9	12.8	0.027 8
		7月7日	17.39	1.15	13.5	2.95	0.42	106	10.84	17.07	12.95	91.2	0.163 3
		9月9日	11.4	0.43	6.86	14.62	0.59	34.83	3.24	22.08	15.9	146.1	0.247 6
		10月29日	21.61	1.49	22.63	19.84	2.88	73.93	18.37	49.98	16.4	133.3	0.349 8
		12月8日	20.78	0.73	14.29	17.81	1.29	111.5	14.31	36.7	17.6	106.3	0.431 6

续表

地点（种植时间）	树性	采样日期	大中量元素/(g·kg⁻¹)					微量元素/(mg·kg⁻¹)					
			N	P	K	Ca	Mg	Fe	Mn	Cu	Zn	B	Mo
横石园（1987年）	优质	4月9日	20.46	1.31	15.02	20.94	4.29	78.9	22.5	10.39	69.1	4	1.874
		5月9日	19.64	0.71	38.03	17.78	2.98	99.9	23.8	8.79	68.2	53.9	1.176
		7月7日	21.57	1.03	25.69	12.59	2.05	103.4	13.86	196.7	28.7	92.2	3.621
		9月9日	12.34	0.51	6.24	19.81	0.77	11.98	4.54	158.9	33.3	113.4	3.118
		10月29日	22.75	1	15.02	23.21	1.71	134.87	17.56	133.26	24.2	142.4	1.539
		12月8日	19.57	0.56	9.35	21.13	0.65	91.204	23.56	84.3	18.8	102.7	1.948
	退化	4月9日	19.09	2.33	15.4	17.21	3.29	39.5	15	15.19	55.4	4.7	2.826
		5月9日	16.08	1.6	15.53	14.05	3.54	78	17.5	7.99	69	32.2	1.334
		7月7日	22.79	1.33	27.88	5.87	2.14	70.4	18.63	287.3	15	89.35	3.748
		9月9日	15.13	0.69	7.5	13.39	0.64	16.89	14.61	244.6	25.6	112.5	3.182
		10月29日	23.09	1.37	17.47	16.77	2.05	78.05	20.82	89.5	24	146.6	1.676
		12月8日	22.14	0.6	13.18	19.24	0.73	201.4	15.53	81.43	36.1	121.4	2.549

续表

第四章 沙田柚的营养需求特点

地点（种植时间）	树性	采样日期	大中量元素/（g·kg⁻¹）					微量元素/（mg·kg⁻¹）					
			N	P	K	Ca	Mg	Fe	Mn	Cu	Zn	B	Mo
横石园（1986年）	优质	4月9日	20.46	1.31	15.02	20.94	4.29	78.9	28.82	10.39	69.1	4	1.874
		5月9日	14.39	1.82	22.5	19.5	4.29	123	28.8	11.99	50.4	51.05	1.604
		7月7日	19.51	1.07	29.52	9.88	1.21	109.2	11.08	222.2	28.7	92.25	3.621
		9月9日	17.15	0.467	6.65	11.61	0.34	8.93	3.24	173.5	33.3	96.4	3.054
		10月29日	20.29	0.91	17.47	23.16	0.8	125.3	13.48	82.93	24.4	142.2	1.403
		12月8日	23.34	0.56	10.84	21.73	0.28	167.7	22.83	97.95	18.8	-02.7	1.948
	退化	4月9日	19.09	2.33	15.4	17.21	3.29	39.5	15	15.19	55.4	4.7	2.826
		7月7日	20.7	1.07	29.52	6.91	1.85	117.26	5.38	121.8	15	89.34	3.748
		9月9日	12.93	0.61	7.28	11.47	0.63	6.94	1.6	114.1	25.6	130.4	3.182
		10月29日	21.17	0.98	17.79	14.73	1.55	88.33	9.8	152.6	24	146.6	1.676
		12月8日	22.14	0.6	13.18	19.24	0.73	201.4	15.53	81.43	36.1	121.4	5.948

注：两个果园的管理水平与表1-5相对应。

（3）果实膨大期（7月）

大中量元素以钾和氮的含量最高，其次是钙的含量，镁和磷的含量最低。微量元素中含量最高的是铜和铁，其次是硼。

（4）果肉膨大期（9月）

大中量元素又以钙和氮较高，其次为钾。微量元素以铜、硼较高，其次为锌，较低为铁、锰、钼。

（5）果实成熟、花芽分化初期（10月底）

大中量元素以钙、氮最高，其次为钾，最低的仍然是镁和磷。微量元素以硼、铁、铜较高，其次为锌、锰，最低为钼。

（6）花芽分化期（12月）

大中量元素仍为钙、氮最高，其次为钾、镁，最低还是磷。微量元素以硼、铁较高，其次为铜、锰，再次为锌，最低为钼。

2. 退化果树

各元素在各生育期的变化相近，并未见异常的元素含量状况表现出来。

（二）沙田柚叶片不同生育时期的矿质元素比例

由表4-1还可看出，沙田柚叶片中各元素，在不同的生育时期有不同的比例。

1. 优质果树

（1）春梢老熟、生理落果期（4月）

横石园（1987年）的氮：磷：钾：钙：镁和铁：锰：铜：锌：硼：钼分别为1：0.064：0.734：1.023：0.21和3.507：1：0.462：3.071：0.178：0.083。

（2）夏梢萌发、果实迅速膨大期（5月）

横石园（1987年）的氮：磷：钾：钙：镁为1：0.036：1.936：

0.905∶0.152;铁∶锰∶铜∶锌∶硼∶钼为4.197∶1∶0.369∶2.866∶2.265∶0.049。而管理水平较低的白沙坪园分别为1∶0.041∶0.379∶0.702∶0.177和2.244∶1∶0.739∶3.983∶0.445∶0.000 7。对比之下可看出,这一时期后者的钾、硼、钼水平明显偏低。

(3)果实膨大期(7月)

横石园(1987年)的氮∶磷∶钾∶钙∶镁为1∶0.048∶1.191∶0.584∶0.095;铁∶锰∶铜∶锌∶硼∶钼为7.46∶1∶14.19∶2.07∶6.65∶0.261;白沙坪园的分别为1∶0.072∶1.146∶0.713∶0.145和3.665∶1∶0.558∶1.006∶2.782∶0.009 28。表明管理水平低的白沙坪园在这一时期的微量元素水平严重不平衡。

(4)果肉膨大期(9月)

横石园(1987年)的氮∶磷∶钾∶钙∶镁为1∶0.041∶0.506∶1.605∶0.062;铁∶锰∶铜∶锌∶硼∶钼为2.639∶1∶35∶7.335∶24.98∶0.687;白沙坪园的分别为1∶0.036∶0.363∶1.099∶0.055和0.491∶1∶4.217∶2.313∶6.901∶0.022。后者这一时期的微量元素水平仍然很不平衡,以锰含量偏高,而铁、钼等的含量偏低。

(5)果实成熟、花芽分化初期(10月底)

横石园(1987年)的氮∶磷∶钾∶钙∶镁为1∶0.044∶0.66∶1.02∶0.075;铁∶锰∶铜∶锌∶硼∶钼为7.68∶1∶7.59∶1.38∶8.11∶0.088;白沙坪园的分别为1∶0.055∶0.525∶0.906∶0.098和1.36∶1∶0.21∶0.65∶2.86∶0.008 3。后者该时期仍然是锰含量偏高,而铜、钼等的含量偏低。

(6)花芽分化期(12月)

横石园(1987年)的氮∶磷∶钾∶钙∶镁为1∶0.029∶0.48∶1.08∶0.033;铁∶锰∶铜∶锌∶硼∶钼为3.87∶1∶3.58∶0.8∶4.36∶0.08;白沙坪园的分别为1∶0.036∶0.408∶1.099∶0.06和

2.34∶1∶0.24∶0.4∶1.61∶0.005。

2. 退化果树

各元素比例在各生育期的变化与正常树相近。

二、沙田柚营养元素间的相互关系

从营养生理角度而言，沙田柚植株中各元素并非孤立的，它们之间存在着相互作用，即一种元素会对另一种或几种元素产生明显的影响，这种相互作用影响着元素的吸收、运转或利用。由于植株在对各元素的吸收、利用过程中，离子的吸收、运移和合成较为复杂，故元素间的关系也较为多样。从表4-1的分析结果进行相关统计，可得出沙田柚叶片元素间的相互作用（表4-2）。

各元素间的相互关系错综复杂，有强烈促进作用的有氮-铁、氮-钼、钾-硼、铜-钼、钙-钼、磷-钼、镁-锌、铁-硼、锰-硼等之间的关系；而有强烈拮抗作用的有氮-硼、钾-钼、硼-钼、铜-硼、磷-硼、铁-钼、锰-钼等之间的关系。

正常树与退化树完全相反的有钾-锌、铜-锌、钙-锌、钙-硼、磷-锌、铁-锌、锌-硼、锌-钼等之间的关系。是否因为这些关系之间的生理障碍引起柚树的退化有待进一步研究。

表4-2 两种树性的沙田柚叶片各元素间的相互作用

相互作用	正常树	退化树	相互作用	正常树	退化树	相互作用	正常树	退化树
N-K	+	+ *	K-Mo	- **	- **	Mg-Cu	-	- *
N-Ca	-	-	Ca-P	+	+	Mg-Zn	+ **	+ **
N-P	+ *	+	Ca-Mg	-	-	Mg-B	- **	+ **
N-Mg	+	+	Ca-Fe	+	+	Mg-Mo	+ **	+ **
N-Fe	+ **	+ *	Ca-Mn	-	-	Fe-Mn	+ *	+
N-Mn	+	+	Ca-Cu	-	- *	Fe-Cu	-	-

续表

相互作用	正常树	退化树	相互作用	正常树	退化树	相互作用	正常树	退化树
N-Cu	+	+	Ca-Zn	+ **	- **	Fe-Zn	- **	+ **
N-Zn	+ **	- **	Ca-B	+ **	- **	Fe-B	+ **	+ *
N-B	- **	- **	Ca-Mo	+ **	+ **	Fe-Mo	- **	- **
N-Mo	+ **	+ **	B-Mo	- **	- **	Mn-Cu	-	+
K-Ca	-	-	P-Fe	+ *	-	Mn-Zn	-	+ **
K-P	+ *	+	P-Mn	+ *	+	Mn-B	+ **	+ **
K-Mg	+ *	+	P-Cu	-	- *	Mn-Mo	- **	- **
K-Fe	+	+	P-Zn	+ **	- **	Cu-Zn	+ **	- **
K-Mn	+	+ *	P-B	- **	- **	Cu-B	- **	- **
K-Cu	-	+	P-Mo	+ **	+ **	Cu-Mo	- **	- **
K-Zn	- **	+ **	Mg-Fe	+	-	Zn-B	-	-
K-B	+ **	+ **	Mg-Mn	+ *	+	Zn-Mo	+ **	- **

注：+表示正相关；-表示负相关；*表示相关性显著；**表示相关性极显著。

三、沙田柚营养元素含量的季节性变化

（一）叶片矿质元素含量在不同物候期的动态变化

沙田柚营养叶片中各元素的季节性变化反映出柚树体在各物候期对各养分的生理需求特点。表4-1、图4-1显示不同树龄的沙田柚叶片矿质元素的季节性变化模式相似，只是在各自的含量上有差异，这说明同一品种沙田柚在各物候期对各种养分的需求是一样的，只不过由于各种内因和外因使其在含量上有差异。因此，以11年树龄和6年树龄的沙田柚为例，讨论其年周期变化情况。

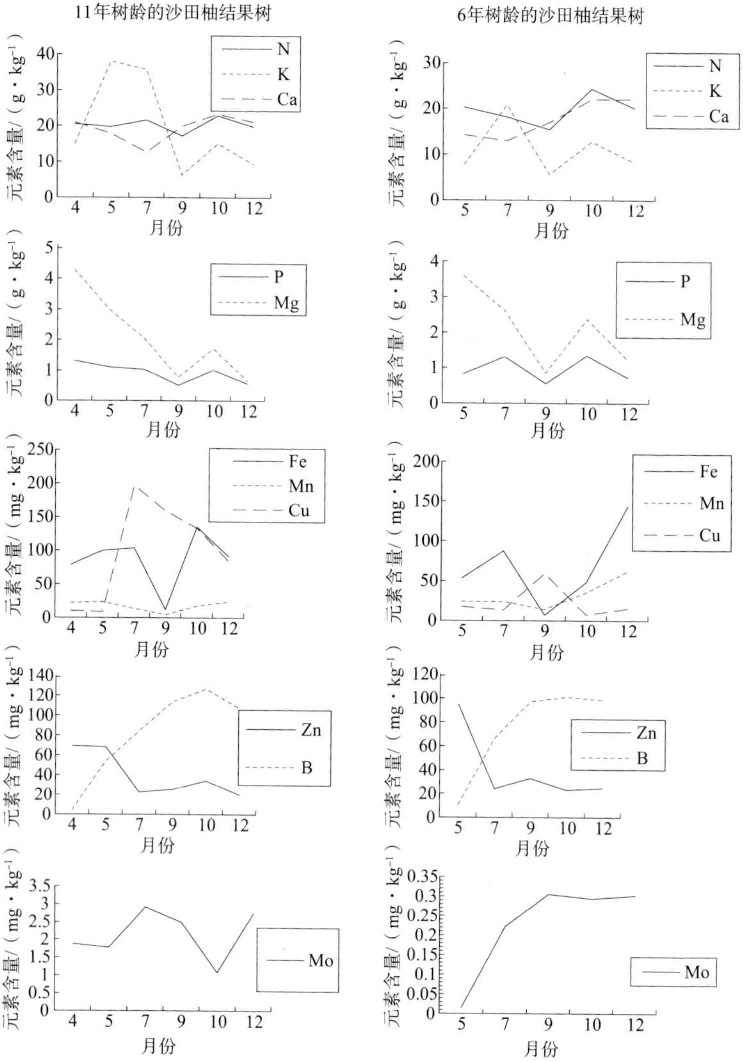

图4-1 不同树龄沙田柚结果树叶片元素含量的季节性变化

1. 优质果树

优质沙田柚营养叶片各元素含量在一年中的变化情况如下：

（1）氮

由图4-1可知，沙田柚营养叶片氮含量，以9月（果肉膨大期）

最低，在15 g/kg左右；含量最高值在10月底至12月（整个花芽分化期），为20 g/kg以上。

（2）磷

由图4-1可知，11年树龄沙田柚营养叶片磷含量，在4—5月（幼果期）达到全年的最高峰，为1 g/kg以上；亚高峰在10月（花芽分化初期）。含量最低值在9月初（果肉膨大期）约为0.05 g/kg。

（3）钾

图4-1表明，沙田柚营养叶片钾含量，一年中有2个高峰：第一个在5月（果实迅速膨大期），含量最高的为35 g/kg以上；第二个在7月（果实膨大期）。全年的含量最低值在9月（果肉膨大期），仅有6 g/kg左右。

（4）钙

图4-1表明，沙田柚营养叶片钙含量一年也有2个峰值：第一次在4—5月（幼果期），含量最高的达到20 g/kg；第二次在10—12月（花芽分化期），含量比第一个峰值高，达23 g/kg。含量最低值可能出现在7月。

（5）镁

图4-1表明，沙田柚营养叶片镁含量，一年的最高值出现在4—5月（幼果期），约为4 g/kg；最低谷在9月（果肉膨大期），含量约为1 g/kg。

（6）铁

从图4-1可知，沙田柚营养叶片铁含量一年也有2个高峰：第一个在7月，第二个在10月以后，2个峰值均为100 mg/kg以上。含量最低值在9月，下降至12 mg/kg以下。

（7）锰

图4-1表明，沙田柚营养叶片锰含量在一年当中变化不明显，只有一个小小的低谷值出现在9月。

(8) 铜

从图4-1可知,沙田柚营养叶片铜含量最高峰在7—9月(果实、果肉膨大期),其中11年树龄的沙田柚结果树营养叶片铜含量约为200 mg/kg,这可能与当时喷农药或波尔多液较多有关;含量最低值在4—5月,在20 mg/kg以下。

(9) 锌

从图4-1可知,沙田柚营养叶片锌含量有2个高峰:第一个最高峰在4—5月(幼果期),含量为70~95 mg/kg;第二个高峰在9—10月,含量约为30~40 mg/kg。含量最低值出现在7月。

(10) 硼

图4-1表明,沙田柚营养叶片硼含量最高峰出现在9—10月(汁胞充实、果实成熟期),含量为100 mg/kg以上。收获后含量逐渐下降,最低时在10 mg/kg以下,至来年4—5月含量开始逐渐上升。

(11) 钼

从图4-1可知,沙田柚营养叶片钼含量最高峰出现在7—9月(果实、果肉膨大期)。施肥水平高的果园,叶片钼含量为3 mg/kg左右;施肥水平低的果园,与前者相比叶片钼含量相差达10倍,在高峰期含量约为0.3 mg/kg,在开花期前含量最低。

在花芽分化期(10月底至12月)达到最高峰的元素有氮、铁、硼和钙,同时在9月(果肉膨大期)达到最低值的有氮和铁,此外在6—7月还有一个亚高峰的元素也是氮和铁。

在幼果期(4—5月)达到全年最高峰和在花芽分化初期(10月)同时还有一个亚高峰的元素有钾、磷、镁、锌、锰,同时在果肉膨大期(9月初)达到最低值的元素是钾、磷、镁、锰。

只在果实、果肉膨大期(6—9月)有一个高峰值的元素是铜和钼。其中11年树龄的沙田柚结果树营养叶片铜在此时的含量约为200 mg/kg,这可能与当时喷农药或波尔多液较多有关。

6年树龄沙田柚结果树叶片元素含量的总趋势是叶片钙、锰、硼、钼含量随叶龄增大而增高；叶片钾、镁、锌含量则是随叶龄增大而逐渐下降，尽管中间有波动；全年含量变化幅度较小的元素是钙、磷、锰。

6年树龄沙田柚结果树春梢叶片对氮、磷、钾三要素，中量元素钙、镁和微量元素铁、锌、锰、钼是从4月份（幼果期）开始迅速吸收；氮、钾、磷、镁、铁、锰含量在7—9月下降，9—10月又增加；钙、硼、铜、钼含量则是从5月开始上升，其中铜含量从9月开始下降，而钙、硼、钼含量在9—12月波动较小。

11年树龄沙田柚结果树叶片元素含量的总趋势与6年树龄的相似。从4月开始迅速吸收的元素有钾、铜、铁、硼；氮、钾、磷、镁、铁、锰含量也是7—9月下降，10—12月有个吸收小峰；硼含量从4月开始上升，10月以后降幅比6年树龄的大；钼含量则从5月开始上升，7月后开始下降，10月后又上升。

2. 退化果树

表4-1和图4-2表明，退化果树与优质果树相比，各元素的年周期性变化模式相似，但变化情况有所不同，尤其是同一时间点的含量有所差异。具体如下述：

（1）氮

如图4-2所示，退化树叶片氮含量的年周期变化规律基本与优质树的相同，但主要差异在果实成熟期（10月）的叶片氮含量低于优质树。

（2）磷

图4-2显示，退化树叶片磷含量的年周期变化规律与优质树的相近。

（3）钾

图4-2显示，退化树叶片钾含量的年周期变化规律与优质树

有所不同，它虽也有2个峰值，但第一个峰期的含量比优质树的低得多。优质树的钾含量在7月时为20 g/kg以上，而退化树的在10～15 g/kg。

（4）钙

图4-2表明，退化树叶片钙含量的年周期变化规律虽与优质树相似，但各周期的含量普遍比优质树的同期低，优质树全年变幅在12～22 g/kg，而退化树的在2.5～18 g/kg。

（5）镁

图4-2显示，退化树叶片镁含量的第一个峰值延迟至5月，但含量最高值（2.96 g/kg）比优质树的（3.59 g/kg）低。

（6）铁

图4-2显示，不同树性的叶片铁含量变化相近，含量大小也相似，主要差异在12月（花芽分化期），优质树的叶片铁含量较高。

（7）锰

图4-2表明，退化树的叶片锰含量全年变化极少，不如优质树。虽变化不大，但在9月左右还有1个小小的谷值。

（8）铜

图4-2显示，退化树叶片铜含量变化规律与优质树的相似，但峰期滞后且峰值低于优质树。

（9）锌

图4-2显示，除5月外，其他时期退化树叶片锌含量普遍比同期优质树的低。

（10）硼

图4-2显示，退化树叶片硼含量，虽然高峰期出现的规律与优质树的相似，但高峰期的硼含量过高，可能会影响其他元素的平衡。

（11）钼

图4-2显示，退化树叶片钼含量与叶片硼含量的情况相似，2个

果园两树龄的退化树叶片钼含量在除9月外其他时期均比优质树的高,这也可能是影响其他元素平衡的原因之一。

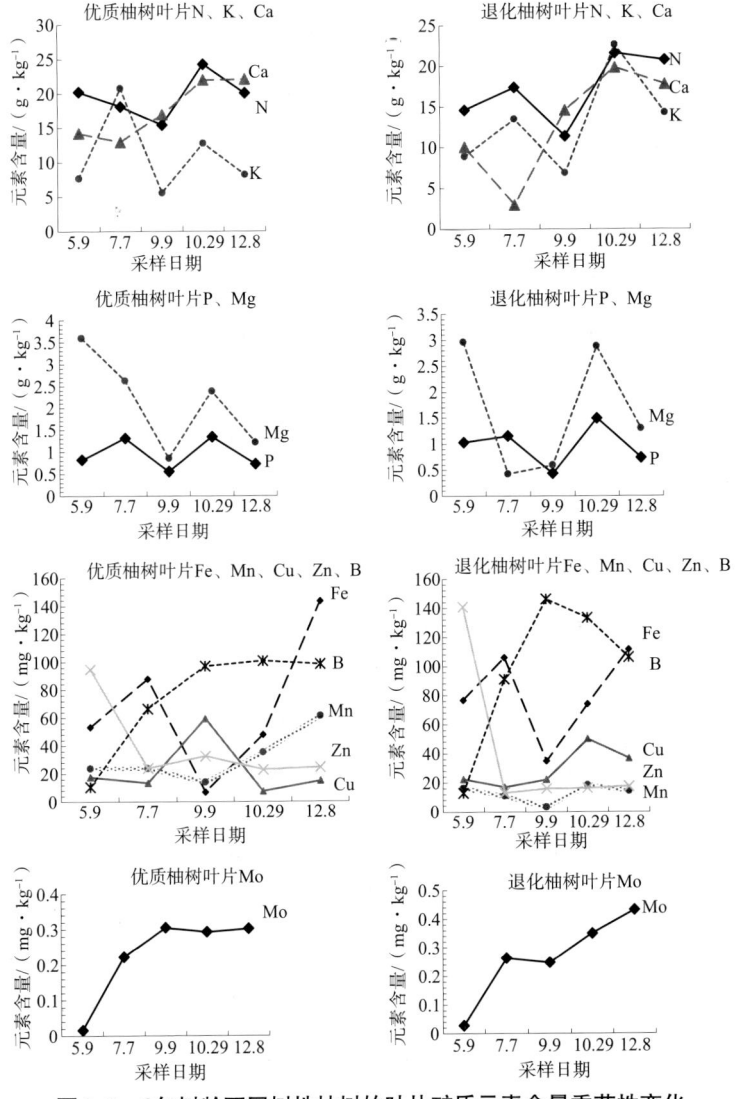

图4-2 6年树龄不同树性柚树的叶片矿质元素含量季节性变化

（二）沙田柚果实矿质元素含量在不同物候期的动态变化

沙田柚果实发育过程中，矿质元素的动态变化特征与叶片相比明显不同。表4-1和表4-3的分析结果显示，果实的矿质元素含量普遍比叶片的低（前期、中期的磷和后期的钾除外）；果实元素含量的高峰期出现时间也不同于叶片。如图4-3所示，11年树龄的优质沙田柚果实中，镁、锰、硼的含量在幼果期达到高峰以后逐渐下降，而钾、钙和锌的含量则在幼果期达到高峰而下降后，在果实成熟期又有回升；高峰期在果实膨大期的元素有氮、磷、铁、铜、钼。退化柚的果实元素含量与优质柚的最大差异是，钾和钙的含量在果实成熟期仍不回升（见图4-3）。

如图4-4所示，6年树龄的沙田柚优质树和退化树的果实元素含量的动态变化模式基本与11年树龄的相似，其差异在于优质树的钾含量高峰期不在幼果期而在果实成熟期。

从沙田柚春梢叶片和果实对矿质元素吸收的季节性变化模式中，得知沙田柚对大多数矿质元素的吸收有2个高峰，且多在新梢生长和盛花期、幼果期至果实膨大期和花芽分化期，所以要根据沙田柚年周期中不同物候期的营养需求特点，保持树体的营养平衡，注意肥料中各元素的合理比例，适期、适量施肥。

若按沙田柚叶片和果实矿质元素的季节性变化规律，可以认为，在新梢生长期、盛花期和幼果期要及时施用适量的氮、磷、钾，并注意中微量元素的平衡；在果实膨大期，要注意补充合适比例的氮、磷、钾三要素；在果实成熟期至花芽分化期，要增加树内养分的积累，为提高果实汁胞品味和促进翌年新梢生长，应施入供肥性能平稳的优质有机肥和合适比例的磷、钾、钙、镁肥。

表4-3 两个树龄两种树性沙田柚不同时期果实的营养元素含量（以干物质计）

采样时期	地点	树性	大中量元素/（g·kg⁻¹）					微量元素/（mg·kg⁻¹）					
			N	P	K	Ca	Mg	Fe	Mn	Cu	Zn	B	Mo
幼果期（5月）	白沙坪园（11年树龄）	优质	8.91	1.04	8.91	1.86	1.34	27.9	13.8	3.19	45.8	2.2	0.0197
		退化	5.02	1.09	6.86	2.01	1.16	20.9	8.8	4.97	16.5	8.3	0.1375
	横石园（6年树龄）	优质	7.47	1.41	24.14	2.15	1.36	27.9	8.8	3.19	52.7	14.4	0.0654
		退化	11.28	1.91	11.18	4.02	2.59	67.4	8.8	7.19	167.5	5.3	0.456
果实膨大期（7月）	白沙坪园（11年树龄）	优质	6.64	1.49	12.82	0.38	0.163	80.08	10.01	7.43	3.4	13.7	0.323
		退化	6.47	1.01	7.44	0.311	0.122	115.4	5	5.28	4.1	14.1	0.3177
	横石园（6年树龄）	优质	8.88	1.42	10.74	0.415	0.142	40.02	3.74	5.28	5.8	10.4	0.5857
		退化	8.23	1.57	14.38	0.403	2.359	56.5	8.75	6.36	11.9	12.6	0.6833
果实成熟期（11月）	白沙坪园（11年树龄）	优质	7.46	0.72	24.72	0.591	0.259	54.85	3.45	3.42	14	2.98	0.0024
		退化	10	1.51	11.7	1.02	7.34	42.7	16.1	21.9	29.9	3.02	0.0023
	横石园（6年树龄）	优质	7.21	0.602	19.72	0.676	0.268	37.86	3.06	2.5	12.9	5.23	0.0246
		退化	6.85	0.967	13.03	0.53	0.311	86.49	3.8	2.96	42.72	5.55	0.0424

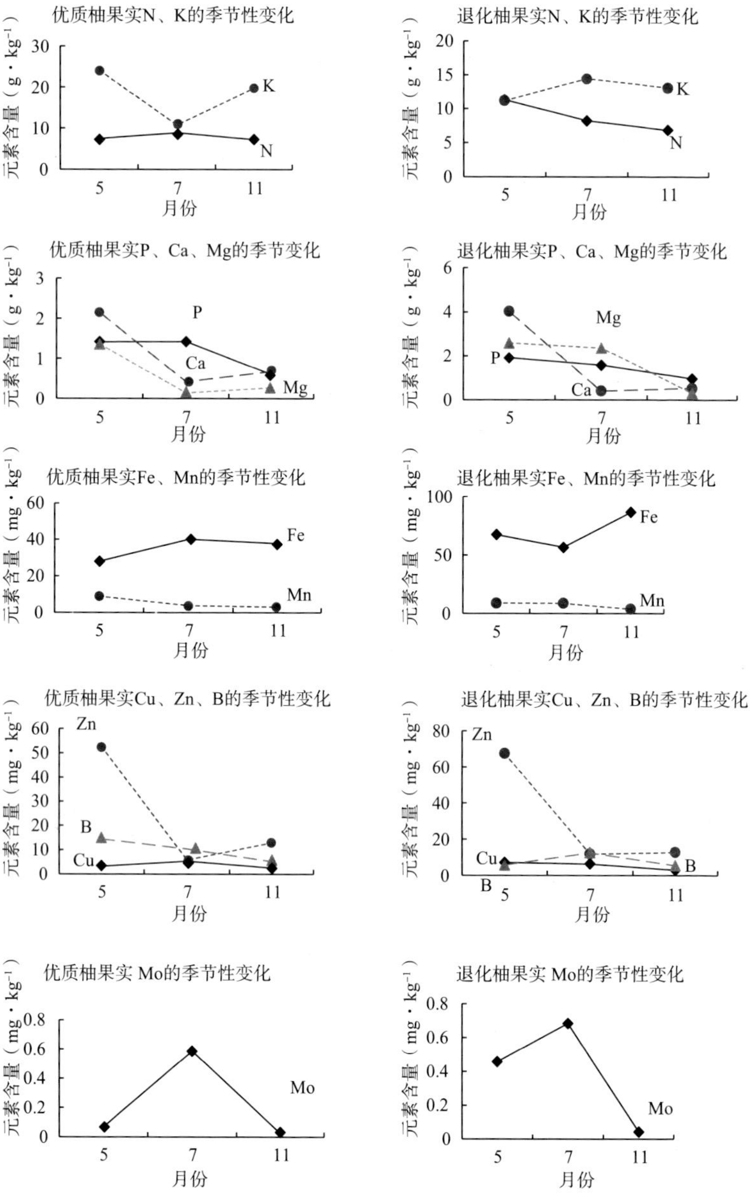

图4-3 11年树龄两种树性的柚树果实矿质元素含量的季节性变化

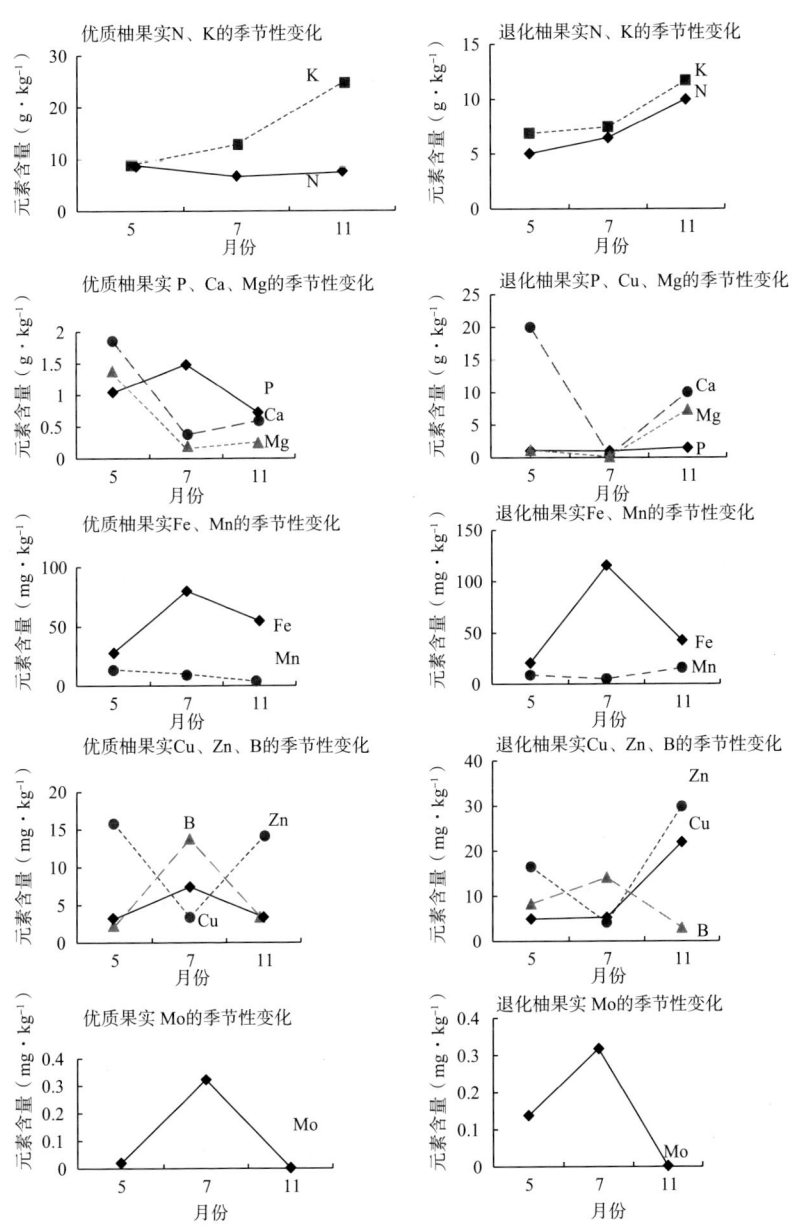

图4-4 6年树龄两种树性的柚树果实矿质元素含量的季节性变化

四、沙田柚矿质元素含量与果实品质的相关性

(一)沙田柚品质指标与各月份叶片营养元素含量的相关性

对各月份叶片营养元素的分析数据与对应的柚果食用品质指标(包括总糖、柠檬酸和维生素C),利用SAS统计软件进行典型相关分析,得出以上三种品质指标与各月份叶片营养元素含量的复相关系数(表4-4)。

表4-4 沙田柚品质指标与各月份叶片营养元素含量的复相关分析结果

月份	总糖		柠檬酸		维生素C	
	复相关系数r	$Pr>F$	复相关系数r	$Pr>F$	复相关系数r	$Pr>F$
4	0.98	0.057 4*	—	—	—	—
5	0.972	0.004 2**	0.585	0.532 7	0.057	0.875 7
7	0.94	0.001 1***	0.819	0.070 7*	0.642	0.291 5
9	0.989	0.000 1***	0.819	0.089 5*	0.399	0.817
10	0.817	0.166 6	0.775	0.316 3	0.575	0.646

注:表中统计结果的***表示显著度为99%及以上水平;**表示显著度为95%(含)~99%(不含)水平;*表示显著度为90%(含)~95%(不含)水平。

表4-4的结果表明:①沙田柚品质指标中,总糖与叶片营养元素的关系最显著,其次为柠檬酸;②各月份叶片的营养元素含量与沙田柚果实品质指标(总糖)的相关系数中,在4—9月达到了显著水平,其中以9月最显著,其次为7月,与柠檬酸的相关系数也以7—9月的最为显著;③沙田柚的树体营养元素含量在7—9月对柚果

品质影响最大,说明在这段时间之前必须抓好树体的营养平衡,才能使柚果品质优良。上述三点也说明对7月和9月的叶片营养元素分析结果与沙田柚品质进行相关统计最有意义。

(二)柚果品质指标与叶片营养元素含量的线性方程

通过典型相关分析还可得出柚果品质指标与叶片营养元素含量的线性方程式,据柚果品质指标与各月叶片营养元素的多元相关分析,得知7月和9月的叶片营养元素与柚果品质指标之间的相关性最显著;柚果品质指标中,又以总糖与叶片营养元素的关系最显著,其次为柠檬酸。故仅研究柚果品质指标中总糖和柠檬酸与7月和9月叶片营养元素含量的线性关系(表4-5)。

从标准化典型变量的线性表达式中各营养元素系数的绝对值大小可看出各种营养元素对柚果品质指标中的总糖和柠檬酸的影响程度,亦反映了叶片中各营养元素含量在果实品质中的权重。表4-5的标准化典型变量的线性表达式中可以看出,总糖与7月叶片中的氮(X_1)、磷(X_2)、锰(X_7)、铜(X_8)、锌(X_9)、硼(X_{10})、钼(X_{11}),以及9月叶片中的氮(X_1)、钙(X_4)、锰(X_7)、铜(X_8)、钼(X_{11})在线性表达式中的系数绝对值较大,说明这时叶片中这些元素的含量对果实的总糖影响较大。

柠檬酸与7月叶片中的氮(X_1)、钙(X_4)、镁(X_5)、铁(X_6)、锌(X_9)、硼(X_{10})、钼(X_{11}),以及9月叶片中的氮(X_1)、钾(X_3)、钙(X_4)、铜(X_8)、锌(X_9)、硼(X_{10})在线性表达式中的系数绝对值较大,说明这些元素的含量对果实柠檬酸影响较大。

表4-5中的r值则是线性表达式中各叶片营养元素(变量

与各果实品质指标的相关系数。总糖与7月叶片营养元素的关系中，变量X_2（磷）、X_8（铜）、X_9（锌）、X_{11}（钼）有较大的相关系数（r_2、r_8、r_9、r_{11}）；与9月叶片营养元素的关系中，变量X_1（氮）、X_2（磷）、X_3（钾）、X_4（钙）、X_5（镁）、X_6（铁）、X_7（锰）、X_9（锌）、X_{11}（钼）都有较大的相关系数（r_1、r_2、r_3、r_4、r_5、r_6、r_7、r_9、r_{11}）。这再次说明了进行果实总糖与叶片营养元素关系的研究时，9月是值得重视的采样时间，叶片营养元素中氮（X_1）、磷（X_2）、钙（X_4）、铜（X_8）、锌（X_9）、钼（X_{11}）是最值得重视的因素。而在线性表达式中一些元素的系数绝对值较大，而其相应的相关系数值（r）未能与之对应地增大，这可能是某元素和其他元素的比例的关系所致。

柠檬酸与7月叶片营养元素的关系中，变量X_5（镁）、X_6（铁）、X_9（锌）、X_{11}（钼）有较大的相关系数（r_5、r_6、r_9、r_{11}）；与9月叶片营养元素的关系中，变量X_1（氮）、X_6（铁）、X_8（铜）、X_{10}（硼）有较大的相关系数（r_1、r_6、r_8、r_{10}），这也再次说明了进行果实柠檬酸研究时，9月以前的叶片氮、镁、铁、铜、锌、硼、钼的含量是较重要的因素。

根据以上研究结果，对沙田柚叶片营养元素含量与果实品质指标进行相关性研究，以9月的叶片分析结果进行相关统计最有意义；与果实总糖相关性最显著的是叶片钙含量，其次是叶片钼、氮、磷的含量。

表4-5 果实品质指标与叶片营养元素含量的线性表达式

月份	品质指标	标准化典型变量的线性表达式	相关系数（r）
7	总糖 (Y_1)	$Y_1=0.156X_1+0.496X_2+0.071\ 8X_3+0.025\ 6X_4-0.057\ 5X_5-0.069\ 8X_6-0.165X_7+0.809X_8-0.672X_9-0.801X_{10}-0.964X_{11}$	$r_1=-0.011\ 4$, $r_2=0.603$, $r_3=-0.274$, $r_4=0.297$, $r_5=-0.249$, $r_6=-0.293$, $r_7=-0.063\ 5$, $r_8=0.853$, $r_9=-0.621$, $r_{10}=0.111$, $r_{11}=-0.697$
9		$Y_1=-0.366X_1+0.073\ 3X_2-0.020\ 4X_3+1.169X_4-0.037\ 8X_5+0.004\ 8X_6-0.142X_7+0.384X_8+0.091\ 9X_9-0.090\ 7X_{10}+0.794X_{11}$	$r_1=0.934$, $r_2=-0.927$, $r_3=-0.88$, $r_4=0.995$, $r_5=-0.587$, $r_6=-0.704$, $r_7=-0.861$, $r_8=0.72$, $r_9=0.877$, $r_{10}=0.254$, $r_{11}=0.941$
7	柠檬酸 (Y_2)	$Y_2=-0.496X_1-0.078X_2-0.091\ 6X_3-0.456X_4+0.653X_5-0.616X_6+0.014\ 9X_7+0.158X_8+0.869X_9+0.357X_{10}-0.718X_{11}$	$r_1=-0.109$, $r_2=0.050\ 1$, $r_3=-0.141$, $r_4=-0.284$, $r_5=0.746$, $r_6=-0.546$, $r_7=-0.011\ 4$, $r_8=0.018$, $r_9=0.458$, $r_{10}=0.391$, $r_{11}=-0.644$
9		$Y_2=2.257X_1+0.203X_2+0.563X_3-2.45X_4+0.102X_5-0.041X_6-0.203X_7-0.561X_8+1.058X_9+0.969X_{10}+0.168X_{11}$	$r_1=0.333$, $r_2=-0.263$, $r_3=-0.088$, $r_4=0.066$, $r_5=-0.067$, $r_6=-0.331$, $r_7=-0.141$, $r_8=0.452$, $r_9=-0.223$, $r_{10}=0.868$, $r_{11}=0.207$

注：X_1为氮含量，X_2为磷含量，X_3为钾含量，X_4为钙含量，X_5为镁含量，X_6为铁含量，X_7为锰含量，X_8为铜含量，X_9为锌含量，X_{10}为硼含量，X_{11}为钼含量，r值也与之相对应。

（三）叶片矿质元素含量与果实品质指标的回归关系

根据相关统计结果，以9月叶片分析结果与果实品质指标的相关性统计最有意义，故仅用9月叶片分析结果与果实品质指标进行回归分析，结果如下。

1. 叶片矿质元素含量与果实总糖的关系

如图4-5所示，叶片矿质元素含量与果实总糖的回归分析结果显示，与果实总糖含量呈正相关关系的元素有钾、钙、镁、铁、锰、硼、钼，按相关性显著程度排序：钙＞镁＞锰＞铁＞钼＞钾＞硼。

2. 叶片矿质元素含量与果实维生素C的关系

如图4-6所示，叶片矿质元素含量与果实维生素C的回归分析结果显示，与果实维生素C含量呈正相关关系的元素有磷、钾、钙、镁、铁、锰、铜、硼、钼，按相关性显著程度排序：钾＞硼＞铜＞钼＞锰＞镁＞铁＞钙＞磷。

3. 叶片矿质元素含量与果实柠檬酸的关系

如图4-7所示，叶片矿质元素含量与果实柠檬酸的回归分析结果显示，与果实柠檬酸含量呈正相关关系的元素只有氮、镁、硼，按相关性显著程度排序：镁＞硼＞氮，但相关性均不算显著。

4. 叶片矿质元素含量与果实糖酸比的关系

如图4-8所示，叶片矿质元素含量与果实糖酸比之间的回归分析结果显示，与果实糖酸比含量呈正相关关系的元素有磷、钾、钙、铁、锰、铜、锌、硼、钼，按相关性显著程度排序：钙＞硼＞钾＞锰＞锌＞铜＞铁＞磷＞钼，其中以钙的相关性最为显著。

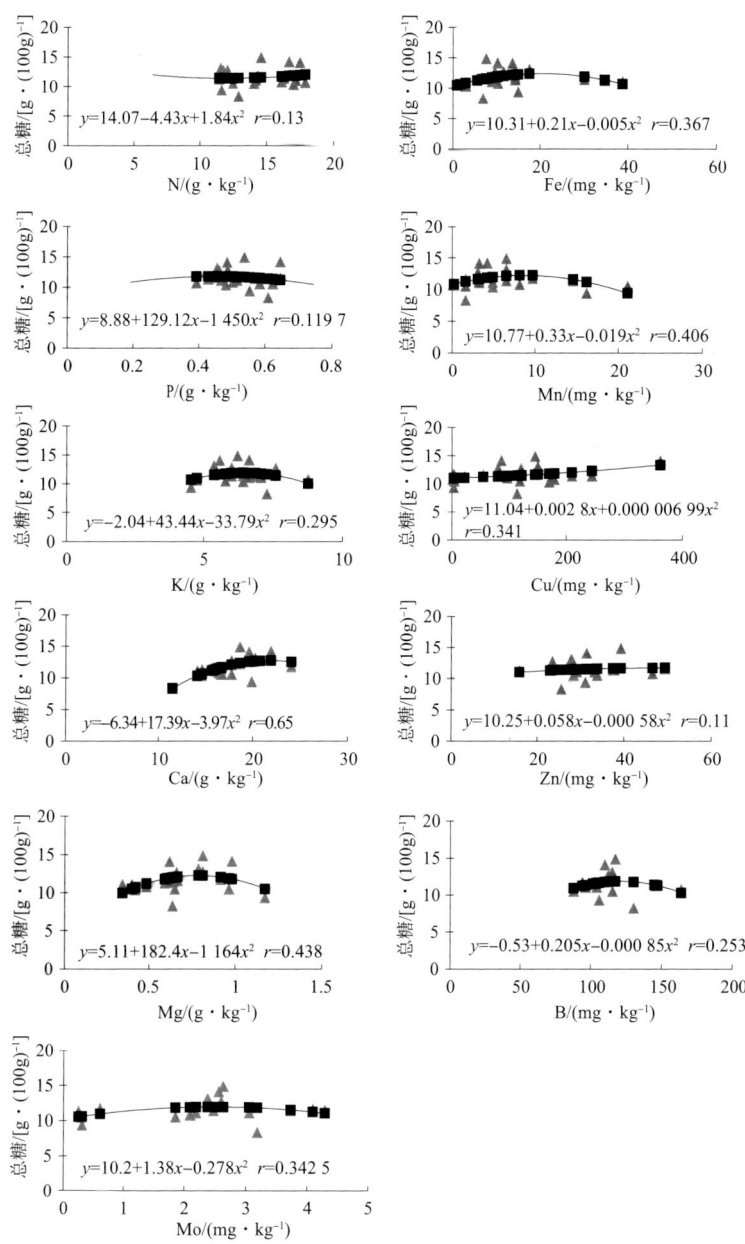

图4-5 沙田柚叶片矿质元素含量与柚果总糖的回归关系

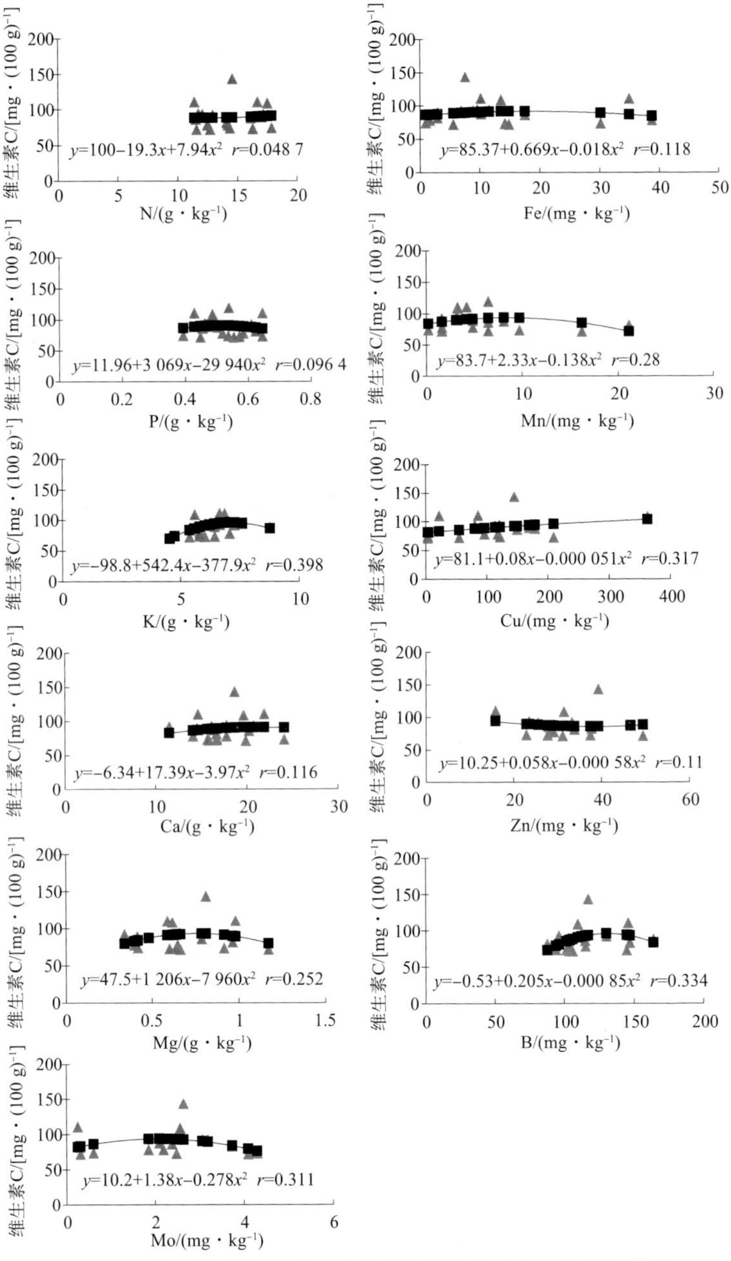

图4-6 沙田柚叶片矿质元素含量与柚果维生素C的回归关系

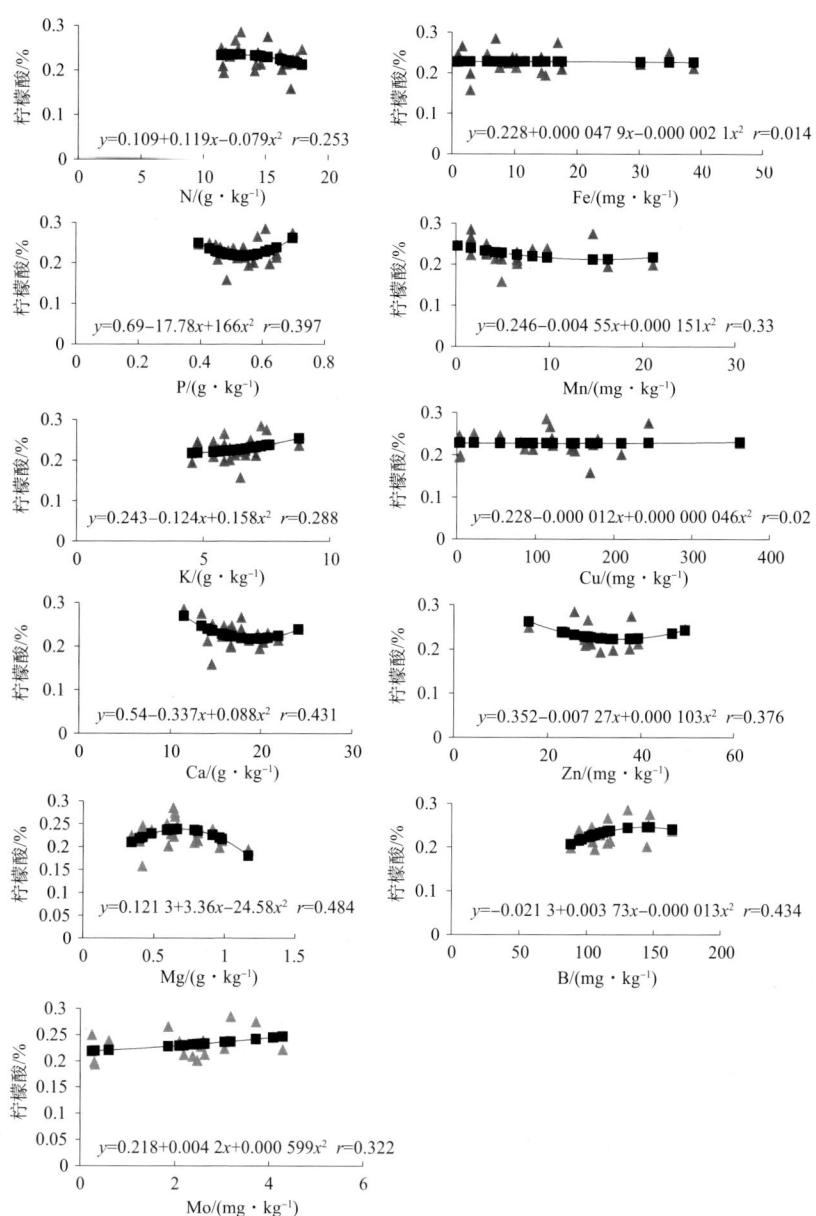

图4-7 沙田柚叶片矿质元素含量与柚果柠檬酸的回归关系

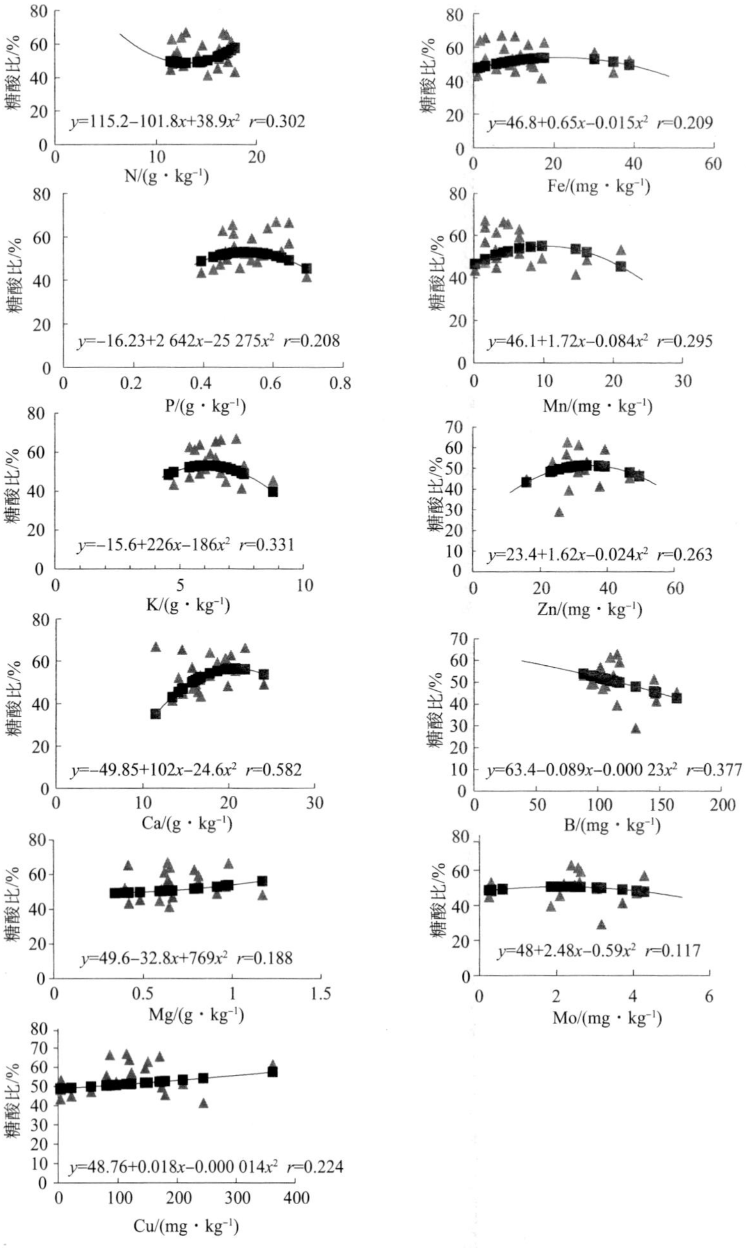

图4-8 沙田柚叶片矿质元素含量与柚果糖酸比的回归关系

五、沙田柚对营养元素的需求量测算

对有代表性的沙田柚果进行全果分析（分析结果列于表4-6）可知，仅仅是沙田柚的生长和果实发育就需要大量的营养元素，根据表4-6的数据计算，每生产1 t的柚果，每年需从土壤中带走的养分：氮1.745 kg、磷0.21 kg、钾1.94 kg、钙4.42 kg、镁1.17 kg、铁99.4 g、锰37.2 g、铜12.5 g、锌21.2 g、硼37.15 g，还需少量的钼等其他元素。

据报道，柑橘结果树1年新生长增加的生长量中吸收的氮量有27.4%运至果实，其余72.6%运至树叶、树枝、树干、树根等部位。据此推算，每株柚树（产100个果计）每年必须从土壤中吸收纯氮0.826 5 kg，氮肥利用率以30%～35%计算，则每株柚树每年（株产100个柚果）必须通过施肥补充2.361～2.755 kg的纯氮。

由于柚树生长量大，挂果时间长，对营养元素的需求量很大，所以，无论多么肥沃的土壤，由于发育母质等原因，总是或多或少地缺乏特定作物所需的养分，如果没有适当平衡施肥，要实现高产优质是不可能的。

表4-6 雁洋镇南福果园沙田柚果实对营养元素的吸收量

部位	鲜重/(g·个⁻¹)	干重/(g·个⁻¹)	N	P	K	Ca	Mg	Fe	Mn	Cu	Zn	B
			营养元素含量/%					营养元素含量/(mg·kg⁻¹)				
果肉	585	73.3	0.859	0.149	1.466	749.8	330.83	61.01	6.65	6.27	19.16	8.97
果内皮	121.7	35	0.628	0.07	0.573	3 686	703	44.41	31.17	3.43	4.08	32.3
果外皮	478.3	98.3	0.599	0.062	0.825	3 162.7	674.76	41.65	27.19	5.86	5.15	24.77
柚籽	775	40	2.130 5	0.259	0.742	1 631.6	1 117.6	57.34	10.95	11.79	13.81	14.7
全果	1 269	246.6	0.861	0.113	1.068	1 683	691	53.47	9.06	10.27	24.08	12.19
			养分吸收量/(g·个⁻¹)									
果肉	—	—	0.629	0.108	0.733	0.547	0.243 4	0.046 4	0.005 12	0.004 64	0.014 8	0.006 63
果内皮	—	—	0.224	0.024 5	0.35	1.292	0.249 6	0.015 7	0.012	0.001 23	0.001 46	0.011 38
果外皮	—	—	0.581	0.060 3	0.983	3.122	0.536 7	0.040 7	0.025 7	0.005 46	0.004 92	0.023 04
柚籽	—	—	0.83	0.103 3	0.4	0.649	0.450 1	0.023 4	0.004 43	0.004 58	0.005 71	0.006 09
全果	—	—	2.265	0.296 1	2.466	5.61	1.479 8	0.126 2	0.047 25	0.015 91	0.026 89	0.047 14
株吸收量(N, g/株)	826.5（按株产100个果，1年新生长增加量中吸收的氮量有27.4%运至果实，其余运至其他部位计）											
全株施肥量(N, kg/株)	2.361~2.755（按株产果100个，氮肥利用率30%~35%计算）											
果实吸收量(N, kg/鲜果)	1.745	0.209 6	1.943 3	4.420 8	1.166 1	0.099 4	0.037 2	0.012 54	0.021 19	0.037 15		
全年施氮量(N, kg/鲜果)	18.19~21.23											

注：①表中第一栏的分析数据是6个沙田柚测定值的平均数。
②表中第二栏的全株氮吸收量是根据日本高桥对温州蜜柑的研究结果计算。

第五章
沙田柚结果树的营养调控与营养管理

营养元素是沙田柚产量的物质基础和品质保证的前提,根据梅州沙田柚树体不同生育期的营养元素含量和比例、各营养元素之间的相互关系、树体中营养元素的季节性变化、树体营养与果实品质的相关性及沙田柚品质指标与各时期树体营养元素含量的相关性,研究磷肥活化对柚树产量及树体营养的动态变化效应、柚果园间种作物和施用不同有机肥对柚果品质的影响等。本章着重讨论如何通过施肥,保证沙田柚生长所需各种营养元素的平衡,为实现沙田柚的高产优质提供科学施肥的依据。

一、叶面肥对沙田柚树体营养、果实品质、产量的效应

(一) 喷施农用稀土的效应

我国稀土资源丰富,总储量相当于世界其他国家总储量的几倍。因此,稀土在我国的应用领域十分广泛,尤其是稀土在农业的应用技术效果和应用规模,在20世纪80年代就居国际领先地位。而稀土在沙田柚的应用,国内外报道还较少。笔者通过研究稀土对沙田柚树体营养、产量和果实含糖量的影响,为稀土在沙田柚等果树的应用提供科学依据。

1. 稀土对沙田柚果实品质的效应

表5-1的结果显示,在不同时间、不同地点,施用稀土对沙田柚提高含糖量、调节糖酸比有明显和稳定的作用,因而对提高沙田柚品质的效果明显。

2. 稀土对沙田柚坐果率的影响

表5-2的结果显示,施用适量的稀土不仅有增糖降酸的作用,

而且还有促花保果提高坐果率的作用，因而对提高沙田柚产量的效果明显。

表5-1　喷施农用稀土对沙田柚果实品质的影响

试验地点	稀土处理/ ($mg \cdot kg^{-1}$)	总糖/ $[g \cdot (100 g)^{-1}]$	柠檬酸/ $[g \cdot (100 g)^{-1}]$	糖酸比
丙村横石	对照	10.14c	0.338a	30b
	100	11.73b	0.305ab	38.46ab
	500	12.46a	0.291c	42.81a
丙村白沙坪	对照	9.73b	0.223a	43.63ab
	喷稀土	11.21a	0.234a	47.91a
丙村尤鱼坝	对照	7.84b	0.278a	28.2ab
	喷稀土	9.27a	0.291a	31.85a
南口龙塘	对照	6.36b	0.191a	33.3b
	喷稀土	8.24a	0.168a	49.05a

注：①所用农用稀土为包头市稀土化工厂生产的常乐益植素。
②数字后不同小写字母表示差异达到显著水平（$P<0.05$，LSD法）。

表5-2　稀土对沙田柚坐果率的影响

试验地点	稀土处理/ ($mg \cdot kg^{-1}$)	试验前平均果数/ （个·株$^{-1}$）	果实成熟时平均果数/ （个·株$^{-1}$）	比上年增加/ %
丙村横石	对照	56.7a	85.2c	50.26c
	100	57a	94ab	64.9ab
	500	46b	102.2a	122.2a
丙村白沙坪	对照	49.7a	113.8ab	128.97b
	稀土	46.8ab	143.5a	206.62a
丙村尤鱼坝	对照	38a	63.7ab	67.63b
	稀土	36ab	85a	136.11a
南口龙塘	对照	30a	42.5ab	41.67b
	稀土	28a	50.5a	80.35a

注：数字后不同小写字母表示差异达到显著水平（$P<0.05$，LSD法）。

3. 稀土对沙田柚叶片营养的影响

表5-3的叶片分析可见，施用稀土的沙田柚树叶片的矿质元素

含量普遍比对照的高，尤其明显地提高了叶片磷、钙和微量元素铁、锰、锌、硼、钼的含量。

同时稀土的施用浓度不同对上述元素含量影响也有明显差异，说明稀土施用浓度的控制非常重要。

表5-3　丙村横石果园施不同浓度的稀土对沙田柚叶片营养的影响

稀土处理/ (mg·kg^{-1})	大中量元素/ (g·kg^{-1})					微量元素/ (mg·kg^{-1})					
	N	P	K	Ca	Mg	Fe	Mn	Cu	Zn	B	Mo
对照	20.8	1.07	15.1	6.91	1.83	51.7	5.38	182.7	14.7	89.35	1.92
100	22.91	1.16	14.3	12.01	1.89	52.4	15.45	174	18.65	104.6	2.12
500	21.59	1.23	14.4	13.6	1.94	61	18.63	224.1	33.15	119.9	3.25

注：表中所分析叶片在施肥当年7月取样。

4. 沙田柚施用农用稀土的综合评价

农用稀土施用的试验研究结果（表5-3）显示，在同等施肥水平的条件下，施用适量浓度的稀土能提高沙田柚树体对营养元素的吸收并促进养分平衡调节，这可能是由于适量浓度的稀土能提高沙田柚叶片光合效率，提高沙田柚氮代谢水平和抗逆性，因此可提高沙田柚防落果能力，从而提高沙田柚的产量。施用适量的稀土能提高沙田柚树体对磷、钙、铁、锰、锌、硼、钼等元素的营养吸收水平（表5-3），因此对沙田柚果的增糖降酸作用效果明显，从而可提高沙田柚的品质和商品价值。这与前人的研究结果相一致，稀土可提高其他农产品质量和产量。

（二）喷施沙田柚专用叶面肥的效应

根据柚树营养元素与果实品质指标的相关性研究结果，配制出柚子专用叶面肥，以弥补土壤施肥的不足。柚子专用叶面肥采用叶面喷施的形式，分别在花期、生理落果期和壮果期补充树体养分，以促进柚树体养分平衡,达到保花、保果同时提高果实品质的目的。

1. 叶面肥对沙田柚叶片营养状况的影响

表5-4的叶片分析结果显示,施用有针对性的叶面肥之后的2个月,柚树叶片的矿质元素含量普遍比对照的高,尤其是叶片钾、钙和微量元素铁、锰、铜含量的提高更为明显。这说明施用有针对性的叶面肥后能明显改善柚树营养状况,利于保花保果和改善柚果品质。

表5-4　丙村尤鱼坝果园喷施叶面肥对沙田柚叶片营养的影响

处理	大中量元素/（g·kg⁻¹）					微量元素/（mg·kg⁻¹）		
	N	P	K	Ca	Mg	Fe	Mn	Cu
对照	19.3	1.21	15.13	18.08	2.44	119.7	29.3	19.8
叶面肥	20.7	1.2	17.5	21.7	3.42	185.7	77.2	20.8

注：①表中分析的叶片取自喷施叶面肥当年的7月。
②叶面肥分2种配方,分别在盛花幼果期施用和壮果期施用。在盛花幼果期施用的配方为稀土100 mg/kg、氮230 mg/kg、磷450 mg/kg、钾570 mg/kg、硼170 mg/kg、锌220 mg/kg、二价锰650 mg/kg、二价铁400 mg/kg、钼38 mg/kg。在壮果期施用的配方为磷450 mg/kg、钙310 mg/kg。

2. 叶面肥对沙田柚树挂果数的影响

表5-5的调查统计结果显示,在适当的时期喷施含有沙田柚果实生长发育所需营养元素的叶面肥,可有效保花保果,提高柚树的挂果数,从而提高柚树的果实产量。

表5-5　沙田柚施叶面肥对沙田柚挂果数的影响

试验时间	试验地点	处理	试验前平均果数/（个·株⁻¹）	果实成熟时平均果数/（个·株⁻¹）	比上年增加/%
1999年	丙村白沙坪	对照	49.7a	113.8ab	128.97b
		叶面肥	46a	139.7a	208.69a
1999年	丙村尤鱼坝	对照	38a	63.7ab	67.63b
		叶面肥	33a	97a	193.94a
2000年	南口龙塘	对照	30a	42.5ab	41.67b
		叶面肥	34a	66a	95.11a

注：数字后不同小写字母表示差异达到显著水平（$P<0.05$，LSD法）。

3. 叶面肥对沙田柚果实品质的影响

表5-6的调查和分析结果显示，在适当的时期喷施含有沙田柚果实生长发育所需营养元素的叶面肥，可有效提高柚果的含糖量，调节糖酸比，从而提高柚果的品质。

表5-6 叶面肥对沙田柚果实品质的影响

试验时间	试验地点	处理	总糖/[g·(100 g)$^{-1}$]	柠檬酸/[g·(100 g)$^{-1}$]	糖酸比
1998年	丙村横石	对照	10.14b	0.338a	30b
		叶面肥	12.7a	0.239ab	53.13a
1999年	丙村白沙坪	对照	9.73b	0.223ab	43.63ab
		叶面肥	11.14a	0.24a	46.42a
1999年	丙村尤鱼坝	对照	7.84b	0.278b	28.2ab
		叶面肥	9.78a	0.309a	31.65a
2000年	南口龙塘	对照	6.36b	0.191ab	33.3b
		叶面肥	8.53a	0.207a	41.21a

注：数字后不同小写字母表示差异达到显著水平（$P<0.05$，LSD法）。

二、活化磷肥对柚树的影响

磷素是沙田柚高产优质的重要物质保证，磷矿又是不可再生的矿产资源。然而，世界绝大部分农业土壤严重缺磷，全世界1 319万km^{2}的耕地中约有43%缺磷，我国107万km^{2}农田中大约有2/3严重缺磷，磷仍然是我国乃至世界农业生产中最重要的限制因素，磷肥的供求不仅是现在，而且是将来农业生产的突出矛盾之一。况且我国的磷矿资源并不丰富，所以磷肥研究的中心问题，仍然是从各个方面来探索磷肥的有效利用途径，以充分提高其利用率。调节和提高磷肥的有效性是提高磷肥利用率的基本前提，而提高磷肥利用率的主要途径之一是防止磷肥被土壤固定。

因此在前人研究的基础上，在田间条件下，研究应用有机活化剂对磷矿粉的活化控释效果，并以无机活化剂作为对照，在梅县丙村和南口对沙田柚盛果树连续进行了2年的试验。

（一）活化磷肥对柚树农艺性状的效应

根据2个果园连续2年施肥之后前期的观察（表5-7），在花期（3月）施各种有机活化剂处理的柚树，其长势均与施钙镁磷肥处理的差不多，但明显比施磷矿粉（叶色较黄）处理的好，且其新梢叶色深绿，梢较长，花多；在果实膨大期（7月），肉眼观察的效果更明显，施各种有机活化剂处理的柚树，其叶色与施钙镁磷肥处理的一样浓绿，而其果的数量则比施钙镁磷肥和磷矿粉处理的都多，果的大小更均匀，但其叶片有个别出现缺微量元素的黄斑。2个果园的调查结果均反映出各种有机活化剂处理对柚树有稳定的促花作用和增产效果。

（二）活化磷肥对柚树产果数的影响

根据单株果数调查结果（表5-7），在丙村潮沙泥土的果园，在磷肥等重的情况下，施用经活化剂处理磷矿粉的处理，其沙田柚果平均果数（104个/株）比直接施用磷矿粉的处理（63.7个/株）有大幅度增加，增产率为63%；再看同期均增果数（比前一年10月同期），施用经活化剂处理磷矿粉的处理同期均增果数（68.7个/株）比起直接施用磷矿粉的处理同期均增果数（29.3个/株），增产率达134%；经活化剂处理磷矿粉的处理，其效果甚至超过钙镁磷肥的处理，其当年平均果数（104个/株）比施钙镁磷肥的处理（97个/株）增产7%；同期均增果数（比前一年10月同期），经活化剂处理磷矿粉的处理（68.7个/株）比钙镁磷肥的处理（47.5个/株）增产45%。

表5-7 试验观察和处理间的产量差异比较

地点	处理号	处理	肉眼观察的农艺性状（长势）			均果数（个·株⁻¹）	同期增果（个·株⁻¹）
			3月	7月		10月	10月
梅县丙村镇	2	磷矿粉+有机1号	长势与处理1相似	果最多，大小最均匀，叶色浓绿		104a	68.7a
	1	钙镁磷肥	新梢叶色浓绿，梢长15～20 cm	果多，大小均匀，叶色浓绿		97b	47.5b
	3	过磷酸钙	长势介于处理1和处理2之间	与处理1相似		77.8bc	39.8bc
	4	磷矿粉	叶色较黄	果量最多，果最细，叶较细薄		63.7c	29.3c
梅县南口镇	2	钙镁磷肥	叶色深绿，花多	叶多，叶厚，果多，大小均匀		78a	—
	7	磷矿粉+有机3号（100∶3）	花多，叶个别有黄斑	果多，大小均匀，叶有黄色缺素斑		75.4a	—
	6	磷矿粉+有机2号（100∶3）	叶色比处理2稍黄	果多，大小均匀，叶有黄色缺素斑		70.3a	—
	3	磷矿粉+有机1号（100∶2）	叶色比处理2稍黄	果多，大小均匀，叶有黄色缺素斑		68.9ab	—
	4	磷矿粉+有机1号（100∶3）	叶色比处理2稍黄	果多，大小不均匀，叶色稍黄		64.8ab	—
	1	过磷酸钙	花较多，叶隐约黄斑	果多，大小不均匀，叶色稍黄		58b	—
	5	磷矿粉+有机2号（100∶2）	花多，叶有黄斑	果稍少，叶有黄色缺素斑		56.3b	—
	8	磷矿粉+有机3号（100∶5）	花多，叶有黄斑	果稍少，叶有黄色缺素斑		54.3b	—
	9	磷矿粉+无机1号（100∶25）	花较少，叶色正常	果稍少，叶稍黄		51.5bc	—
	10	磷矿粉+无机2号（100∶25）	花较少，叶色正常	果较少，叶色稍黄		49.5bc	—

注：①数字后不同小写字母表示差异达到显著水平（$P<0.05$，LSD法）。
②由于施肥当年冬天大的寒害严重，故南口的试验不计算果数比上年的增量。
③活化剂包括有机1号——氨化木质素，有机2号——氧化木质素，有机3号——氢氧化木质素；无机1号——沸石，无机2号——蒙脱石；表5-8同。

根据第一年在梅县丙村镇开展的一种活化剂的试验结果，第二年在南口镇砂页岩赤红壤果园进一步进行了多种活化剂和不同浓度的试验，进一步显示了各种有机活化剂处理磷矿粉的促花、壮梢、增产效果。浓度适当时，三种有机活化剂处理磷矿粉的处理的沙田柚产量均接近钙镁磷肥的处理和超过过磷酸钙及无机活化剂的处理。采用的浓度有机活化剂3号3%优于5%；有机活化剂2号则3%优于2%；有机活化剂1号2%略优于3%，但差异不显著。

各时期柚树所表现的农艺性状反映出活化剂对磷矿粉的释磷效果非常稳定。柚树花多、果多，生长太旺盛，可能是引起其他微量元素相对不足而出现黄色缺素斑的原因。

（三）活化磷肥对沙田柚果实品质的影响

表5-8的沙田柚果实品质分析结果显示，第一年在丙村镇，施有机活化剂+磷矿粉处理的沙田柚果实与施过磷酸钙处理的相比，其总糖、维生素C、可溶性固形物等品质指标的含量差异不显著，但与施钙镁磷处理的相比，则显著更低。即活化磷肥处理的柚果品质比不上钙镁磷肥处理的。

针对第一年在丙村镇试验反映的果实品质问题，第二年在南口的试验除了在花芽分化期施用活化磷肥促花壮梢外，还在稳果壮果期施用促进树体元素平衡的沙田柚稳果壮果专用肥，消除由于树体生长过旺导致的缺素问题，从而解决由此产生的柚果品质问题。试验结果表明，采取后期补充微量元素的措施后，三种适当浓度的有机活化剂处理的磷矿粉对柚果品质的影响已与钙镁磷肥的差异不显著，甚至超过了过磷酸钙和其他无机活化剂的效果。

表5-8 施有机活化剂处理的磷矿粉对柚果品质的影响

地点	处理	柚果品质指标		
		总糖/[g·(100 g)$^{-1}$]	维生素C/[mg·(100 g)$^{-1}$]	可溶性固形物/%
丙村镇	钙镁磷肥	9.66a	72.09a	10.4a
	过磷酸钙	7.76b	66.12ab	9.43ab
	磷矿粉	7.45c	61.59b	8.16c
	磷矿粉+有机1号	7.92b	62.82ab	9.02b
南口镇	钙镁磷肥	9.7a	75.97a	10.96a
	过磷酸钙	7.45b	62.26ab	8.97b
	磷矿粉+2%有机2号	7.14b	59.2b	8.4b
	磷矿粉+3%有机2号	8.2b	61.33b	10.64b
	磷矿粉+2%有机1号	8.69a	69.52a	10.52a
	磷矿粉+3%有机1号	7.04b	66.61ab	8.1b
	磷矿粉+5%有机3号	7.65b	63.32ab	9.87ab
	磷矿粉+3%有机3号	7.21b	70.44ab	8.67b
	磷矿粉+25%无机2号	7.02b	42.12c	7.8bc
	磷矿粉+25%无机1号	6.66c	52.52bc	7.53bc

注：数字后不同小写字母表示差异达到显著水平（$P<0.05$，LSD法）。

（四）活化磷肥对沙田柚树体营养的动态变化效应

表5-9的叶片分析结果表明，1999年在丙村镇设置的试验中，经有机活化剂处理磷矿粉的试验组，其柚树在盛花期（3月）、幼果保果期（5月）、果实膨大期（7—8月）、汁胞充实期（9月）的叶片氮、磷、钾三要素含量均较高，这说明了有机活化剂对磷矿粉中磷的活化效果明显、持久，有利于柚树产量的提高；但叶片中镁元素则在前期稍低，这可能由于果树的花多果多，生长太旺盛而导致镁等中微量元素的不平衡，所以在丙村镇的试验中，施经有机活化剂处理磷矿粉的柚果品质稍差于施钙镁磷肥的。这也说明了沙田

柚施肥除了保持氮、磷、钾大量元素平衡之外，还必须注意中微量元素的平衡，才能达到高产优质的目标。

表5-9　丙村白沙坪果园试验柚树营养叶片大中量元素的动态变化情况

采样月份	处理	大中量元素/（g·kg^{-1}）				
		N	P	K	Ca	Mg
3	磷矿粉+活化剂	16.61a	1.49a	19.41a	39.3b	1.71b
	过磷酸钙	12.77b	0.995b	18.5b	51.95a	1.79a
	磷矿粉	10.56c	0.898c	17.3c	38.54b	1.69b
5	磷矿粉+活化剂	22.18a	1.59a	21.49a	27.65b	2.76a
	过磷酸钙	21.65b	1.64a	21.63a	45.89a	2.76a
	磷矿粉	20.63c	1.49b	21.64a	26.39c	2.43b
7	磷矿粉+活化剂	24.34a	1.25a	21.34b	22.19a	2.65a
	过磷酸钙	24.92a	1.11b	22.77a	19.83b	2.41b
	磷矿粉	20.32b	1.16b	17.92c	19.64b	2.46b
8	磷矿粉+活化剂	18.93b	1.19a	19.65b	20.78b	2.29b
	过磷酸钙	20.9a	1.17a	20.89a	21.37a	2.54a
	磷矿粉	21.56a	1.13a	17.52b	20.56b	2.31b
9	磷矿粉+活化剂	19.46a	1.15a	22.34a	22.68a	2.27a
	过磷酸钙	19.04a	0.75b	20.51b	22.14a	2.34a
	磷矿粉	19.19a	1.22a	18.71c	21.33b	2.27a

注：①该试验的活化磷肥是11月采果后施用，叶片是在翌年不同月份采集分析。
②数字后不同小写字母表示差异达到显著水平（$P<0.05$，LSD法）。

（五）活化磷肥对柚树产量、品质、营养状况影响的综合评价

试验结果中，未经活化处理的磷矿粉的肥效相对最差，由于在施用磷肥后的初期（10月至翌年1月，花芽分化期）磷矿粉的供磷能力较差，因而影响了花芽分化，所以沙田柚结果数量较少；而经

有机活化剂活化处理的磷矿粉的肥效最好,结果数量最多,在施用量等重条件下,其效果有时甚至超过了钙镁磷肥和过磷酸钙,说明是有机活化剂对磷矿粉的有效活化导致所产生的有效磷一开始就能及时地满足果树花芽分化的生长所需,使开花数量得到保证;而在中期的幼果期和果实膨大期,其有效磷的作用效果同样明显,使落果数量较少;到了后期(果实汁胞充实期),磷肥的供磷作用仍然强劲,使磷对果实的稳果作用得以维持,说明有机活化剂不但对磷矿粉有活化作用,而且可防止磷被土壤固定,对磷肥有控释的效果,故供磷作用持久,其供磷的作用可持续一年以上。

由于供磷作用持久,沙田柚树稳果效果好,挂果量多,导致其他中微量元素的缺乏,在稳果壮果期适时补充中微量元素可克服缺素问题和提高果实品质。

有机活化剂对磷矿粉中的磷元素起释放作用和控释作用的原因有三个方面:第一方面,可能是由于有机活化剂中的有机阴离子与磷矿粉晶格中的PO_4^{3-}发生离子交换而释放出有效磷;第二方面,可能是有机活化剂中的有机物质功能团与磷矿粉中的金属离子产生络合、螯合作用而释放出有效磷;第三方面,可能是有机活化剂中的碳水化合物可被土壤中的高岭石等黏土矿物有效吸附,而对黏土矿物表面的磷吸附位点可起掩蔽作用,同时降低了土壤对磷矿粉中已被活化出来的有效磷的固定作用。对于上述的可能机制,国内外均有报道,但研究内容主要是有机肥对土壤中磷的活化,且施用量或施用比例较大。而本研究利用有机活化剂对磷矿粉的活化来控释磷肥,结果显示,采用活化控释技术处理磷矿粉可获得等同或超过过磷酸钙和钙镁磷肥的肥效,磷矿粉在柚树生产上一年一次直接施用可大幅度降低柚园的肥料和施肥用工费用,从而降低生产成本。

三、柚树行间间种作物对提高土壤养分、改善柚园小区气候及其作为有机肥源的效果

土壤中的有机质是组成土壤肥力的核心物质,是植物养分循环的物质基础,同时有机肥对当茬农业生产及可持续农业的发展均起着重要作用,且为化学肥料不可替代的。偏施化肥引起的不良后果已引起世界各国的关注。一是对土壤物理化学性质的影响,二是对农产品品质的影响,三是引起环境污染而影响人体健康等一系列问题。施用有机肥对创造绿色食品、改善农产品品质、保护地力、改善生态环境均有重要意义,但当今农村存在有机肥来源不足的问题,笔者就此进行一些试验,对柚园绿肥和柚果品质提高的问题进行讨论。

(一)柚树行间间种作物对土壤的影响

表5-10的结果表明,柚树行间间种西瓜和豇豆后,不论是土壤有机质、全氮、全磷,还是速效氮、有效磷、速效钾,均比对照有所提高。由于在农田生态系统中,随着土壤有机质的提高,土壤养分库容也明显扩展,因而间种对提高土壤养分和改良土壤有明显的效果。

另外,据研究,土壤团聚体的形成主要是土壤黏粒、有机胶体、三氧化二铁及三氧化二铝等土壤无机胶结物及非晶形的无机成分相互作用的结果;土壤结构的稳定性主要依赖有机物质的胶结;有机质还能强化土壤生物活性。因此,间种作物覆盖裸露的地面,

还将改善土壤物理结构。

表5-10　柚树行间间种短期藤本或豆科经济作物对提高土壤养分的效果

处理	有机质/%	全氮/%	全磷/%	速效氮/(mg·kg^{-1})	有效磷/(mg·kg^{-1})	速效钾/(mg·kg^{-1})
间种西瓜	2.48a	0.144a	0.065a	96.93a	57.9a	153.5a
间种豇豆	1.91ab	0.133a	0.053ab	82.54ab	33.9ab	96ab
纯柚（对照）	1.58b	0.095ab	0.042b	61.38c	9.84c	56c

注：数字后不同小写字母表示差异达到显著水平（$P<0.05$，LSD法）。

（二）柚树行间间种作物对改善小区气候的效果

表5-11的观察结果显示，在酷暑季节间种西瓜，0～20 cm土层的温度比不间种的低7～10℃，表明柚树行间间种作物除有利于增加柚园效益、改良柚园土壤之外，还对地表温度有明显的调节作用，这对改善柚园小区气候、减少土壤水分蒸发、调节土层温度、促进根系各种生理活动、促进土壤养分传递循环均有好处。据研究，在树木行间间种作物，将改善土壤水分状况（包括自然含水量、有效含水量、毛管持水量和田间持水量）和增加土壤贮水量（包括自然贮水量和有效贮水量）。

表5-11　柚树行间间种短期藤本经济作物对改善小区气候的效果

处理	观察日期	土层/cm	温度/℃
沙田柚行间间种西瓜	1999年6月20日	0～20	34
		20～40	28
纯沙田柚		0～20	42
		20～40	28

续表

处理	观察日期	土层/cm	温度/℃
沙田柚行间种西瓜	1999年6月21日	0~20	34
		20~40	28
纯沙田柚		0~20	42
		20~40	29
沙田柚行间种西瓜	1999年6月22日	0~20	34
		20~40	28
纯沙田柚		0~20	42
		20~40	29
沙田柚行间种西瓜	1999年6月23日	0~20	34
		20~40	28
纯沙田柚		0~20	42
		20~40	29
沙田柚行间种西瓜	1999年6月24日	0~20	33
		20~40	28
纯沙田柚		0~20	42
		20~40	29
沙田柚行间种西瓜	1999年6月25日	0~20	33
		20~40	28
纯沙田柚		0~20	40
		20~40	28
沙田柚行间种西瓜	1999年6月26日	0~20	32
		20~40	28
纯沙田柚		0~20	42
		20~40	29

（三）间种植株残体作为绿肥对提高柚果产量和品质的作用

表5-12的结果显示，在果实汁胞充实前期施入经沤制腐熟的各种有机肥处理的沙田柚单果重均比对照（不施有机肥）的有所增加，且大多数处理达到显著水平（$P<0.05$）。沙田柚单果重增加的处理顺序为猪粪＞稻草+花生麸＞绿肥≈稻草＞谷壳粉＞鸡粪＞花生麸＞对照。

表5-12　丙村白沙坪果园施不同有机肥处理对柚果品质的影响

处理号	处理	单果重/（g·个$^{-1}$）	柚果品质指标				
			总糖/[g·(100 g)$^{-1}$]	维生素C/[mg·(100 g)$^{-1}$]	可溶性固形物/%	柠檬酸/[g·(100 g)$^{-1}$]	糖酸比
1	花生麸	1 390ab	12.03a	89.25ab	13.17b	0.297ab	44.62a
2	鸡粪	1 453.3ab	12.08a	85.26ab	12.7ab	0.355a	34.04bc
3	猪粪	1 620.2a	10.31c	82.75b	11.37bc	0.304ab	34.02bc
4	绿肥	1 564.2a	11.22bc	94.12a	11.03bc	0.298ab	37.97ab
5	稻草	1 548.7a	10.46bc	80.25b	10.4c	0.321ab	32.53bc
6	稻草+花生麸	1 611.3a	10.75bc	89.3ab	10.6c	0.288b	37.38b
7	谷壳粉	1 469.3ab	10.27c	80.32b	11.47abc	0.313ab	33.26bc
8	对照（此期未施有机肥）	1 244.2b	8.79d	69.96c	9.6d	0.3ab	26.23c
SSR差异显著度		$Pr>F=$ 0.037 5	$Pr>F=$ 0.000 2	$Pr>F=$ 0.005 1	$Pr>F=$ 0.013 3	$Pr>F=0.441$	$Pr>F=$ 0.019 6

注：①有机肥是在7月中下旬沤制，在果实汁胞充实前期（8月下旬）于柚树的滴水线处开环状沟施下。
②各处理间有不同字母者表示差异显著（$P<0.05$），相同者则表示差异不显著。

不同有机肥处理的果实品质指标分析结果（表5-12）显示，无论施什么种类的有机肥，果实的可溶性固形物含量、总糖含量、维生素C含量和糖酸比均优于不施有机肥处理的，按照从高至低的顺序，不同有机肥处理的果实可溶性固形物含量为花生麸＞鸡粪＞谷壳粉＞猪粪＞绿肥＞稻草+花生麸＞稻草＞对照；总糖含量为鸡粪＞花生麸＞绿肥＞稻草+花生麸＞稻草＞猪粪＞谷壳粉＞对照；维生素C含量为绿肥＞稻草+花生麸≈花生麸＞鸡粪＞猪粪＞谷壳粉≈稻草＞对照；糖酸比为花生麸＞绿肥＞稻草+花生麸＞鸡粪≈猪粪＞谷壳粉＞稻草＞对照，柠檬酸则是稻草+花生麸最低。

上述结果表明，在果实汁胞充实期施用有机肥可显著增加果实单果重和果实品质，同时表明间种经济作物的副产物（植株残体）也可增加有机肥的肥源，在增加经济收入的同时，其副产物可作为有机肥的一种绿肥，还可提高沙田柚的品质，且其效果不会比花生麸差很多，甚至有个别指标比花生麸还要高（如维生素C含量和单果重）。这说明绿肥对提高沙田柚品质也有明显的效果。

四、在不同时期施用有机肥效果比较

关于何时施有机肥的问题，传统的方法是在采果后果园深翻改土的同时施有机肥，而有的研究人员认为提前在采果前的汁胞充实期（8月下旬）施用，有利于提高果实品质。因此有的果园在采果后施，有的果园在采果前施。鉴于在何时集中施用有机肥效果最好的争论，笔者曾分别于8月和12月，在丙村白沙坪果园和南口赤竹凹果园进行不同时期施用同等数量、同种有机肥的试验，比较两时期施有机肥对柚果品质的影响，以确定最佳的集中施有机肥的时期。

试验施用的各种有机肥均添加同等数量的磷肥和含硫钾肥，同时添加用以调节碳氮比的铵态氮肥，再经堆沤腐熟之后，在树冠滴水线下开环状沟，将腐熟有机肥均匀撒于沟内，然后覆土。试验的对照，是在同期施用同等数量的氮磷钾肥，未加有机肥。

从表5-13的试验统计结果可知，不论是在8月还是12月施用有机肥，柚果的单果重和品质均比对照有所提高；但其中单果重的提高在两试验之间差异不大，而在品质方面则差异较大。在8月（果实汁胞充实期）施用有机肥的试验，其当年和第二年采果的试验数据分析统计结果均比在12月（采果后即花芽分化期）施用有机肥的显著，其中8月施有机肥，当年采果的试验数据（除柠檬酸之外，即单果重、可溶性固形物、总糖、维生素C、糖酸比）统计的显著度均达到显著水平；第二年采果的试验数据统计结果也比12月施有机肥的显著，其中可溶性固形物还达到了极显著水平。

试验结果显示，在8月（果实汁胞充实期）施有机肥，对当年的柚果品质提高效果极好，其中可溶性固形物含量比对照提高0.8~3.57个百分点、总糖含量提高1.48~3.24 g/100 g、维生素C含量提高10.36~24.16 mg/100 g；而在12月（采果后的花芽分化期）施有机肥，必须到第二年11月才采果，其果实的可溶性固形物含量仅比对照提高0.7~1.997个百分点、总糖含量仅提高0.36~2.48 g/100 g、维生素C含量仅提高2.82~14.8 mg/100 g。

试验结果说明，每年集中施有机肥的时期应在8月底至9月初。

表5-13 两个时期施有机肥对沙田柚果实品质的影响

地点	施肥时间	采果时间	处理	单果重/(g·个$^{-1}$)	柚果品质指标					
					总糖/[g·(100 g)$^{-1}$]	维生素C/[mg·(100 g)$^{-1}$]	可溶性固形物/%	柠檬酸/[g·(100 g)$^{-1}$]	糖酸比	
丙村白沙坪果园	8月底	当年11月采果	花生麸	1 390ab	12.03a	89.25ab	13.17a	0.297ab	44.62a	
			鸡粪	1 453ab	12.08a	85.26ab	12.7a	0.355a	34.04abc	
			猪粪	1 620a	10.31c	82.75b	11.37bc	0.304ab	34.02bc	
			绿肥	1 564a	11.22bc	94.12a	11.03bc	0.298ab	37.97ab	
			稻草	1 549a	10.46bc	80.25b	10.4c	0.321ab	32.53b	
			稻草+花生麸	1 611a	10.75bc	89.3ab	10.6c	0.288b	37.38b	
			谷壳粉	1 469ab	10.27c	80.32b	11.47abc	0.313ab	33.26bc	
			对照	1 244b	8.79d	69.96c	9.6d	0.3ab	26.23c	
				P=0.037 5	P=0.000 2	P=0.005 1	P=0.013 3	P=0.441	P=0.019 6	
		翌年11月采果	花生麸	1 138c	10.25a	79.28a	12.73a	0.406a	31.35bc	
			鸡粪	1 305bc	9.12abc	74.6ab	11.97ab	0.358ab	33.44ab	
			猪粪	1 313abc	9.34ab	74.84ab	11.1bc	0.305c	36.39a	
			绿肥	1 447ab	9.45ab	78.07a	10.53cd	0.323bc	32.6abc	
			稻草	1 365ab	7.91bc	83.23a	10.4cd	0.306c	33.99ab	
			稻草+花生麸	1 343abc	8.46abc	72.31ab	9.9d	0.312bc	31.73bc	
			谷壳粉	1 527c	7.46c	75.73a	10.03cd	0.318bc	31.55bc	
			对照	1 358abc	7.82bc	65.32b	9.5d	0.325bc	29.23c	
				P=0.137	P=0.066 8	P=0.198	P=0.000 1	P=0.010 2	P=0.013	

续表

地点	施肥时间	采果时间	处理	单果重/(g·个⁻¹)	柚果品质指标				
					总糖/[g·(100 g)⁻¹]	维生素C/[mg·(100 g)⁻¹]	可溶性固形物/%	柠檬酸/[g·(100 g)⁻¹]	糖酸比
南口赤竹岇果园	12月中	翌年11月采果	鸡粪	1 633a	6.36ab	61.1ab	6.73ab	0.175a	36.34ab
			猪粪	1 518ab	6.09b	61.1ab	7ab	0.208a	29.28b
			绿肥	1 255ab	6.31ab	66.31a	7.667a	0.189a	33.38ab
			稻草	1 255ab	6.26ab	60.94ab	6.67ab	0.196a	31.94b
			稻草+花生麸	1 397ab	8.14a	63.59ab	7ab	0.202a	40.7a
			谷壳粉	1 238ab	6.02b	54.33ab	6.37ab	0.191a	31.52b
			对照	1 197b	5.66b	51.51b	5.67b	0.167a	33.89ab
				$P=0.293$	$P=0.221$	$P=0.208$	$P=0.451$	$P=0.95$	$P=0.123$

注：各处理间有不同字母者表示差异显著（$P<0.05$），相同者则表示差异不显著。

五、使用不同配方肥对沙田柚产量和品质的效果

（一）沙田柚施不同配方肥的效果

参照一系列的研究，根据沙田柚营养特性、沙田柚对营养元素需求量和需求特点、沙田柚对营养元素吸收的季节性变化模式、沙田柚果实品质指标与各时期树体营养元素含量的相关性研究结果及肥料利用率（氮肥利用率30%～35%，钾肥利用率35%～50%，磷肥利用率则最低，仅10%～20%），针对梅县柚园土壤养分特性及主要养分障碍因子，设计了相关的一系列沙田柚不同生育时期的适宜肥料配方，包括土壤施用的壮梢促花肥、稳果壮果肥和相应时期施用的叶面肥。

沙田柚叶片矿质元素含量与果实品质指标的回归统计分析结果显示，正相关的有磷、钾、钙、镁、铁、锰、铜、硼、钼等元素。果树需铁较多，虽然土壤中含铁量较大，但土壤铁和锰对植物根系的可给性较差，植物难以利用。第四章的研究显示，结果沙田柚树对铁和锰的需求量在花芽分化期至幼果期阶段最大，估计是与花果生长所需有关，因此铁、锰、硼、钼的施肥是以叶面肥的形式在开花幼果期和花芽分化期补充，而铜由于果园常用含铜的波尔多液，故不用另施，大量和中量元素则以土施方式为主。

以下为不同土壤母质和不同施肥水平的2个果园（梅县丙村镇银场村白沙坪柚果园为砂页岩母质，丙村镇人和村尤鱼坝柚果园为河流冲积物母质）采用这些配方施肥对沙田柚产量和品质的影响的

研究结果。

表5-14的结果表明,代表砂页岩母质的丙村镇银场村白沙坪柚果园,使用4个专用肥配方的试验柚树,均可明显提高产量和果实品质,其中平均果数比对照提高33.4%~64.5%,比上年增加果数(即试验当年每株的果数减去试验前每株的果数)比对照增加42.5%~80.7%,单果重比对照增加80.2~182.5 g/个(增加6%~13.1%)。品质指标中的果汁可溶性固形物含量比对照增加0.76~1.61个百分点,总糖含量比对照增加1.04~2.12 g/100 g,维生素C含量比对照增加4.5~22.8 mg/100 g。

表5-14 梅县丙村镇银场村白沙坪柚果园1999年采用不同施肥配方的试验结果

配方号	产量指标			品质指标				
	平均果数/(个·株$^{-1}$)	比上年增加果数/(个·株$^{-1}$)	单果重/(g·个$^{-1}$)	可溶性固形物/%	总糖/[g·(100 g)$^{-1}$]	维生素C/[mg·(100 g)$^{-1}$]	糖酸比	
1	143.5ab	108.8a	1 577.8a	15.5a	14.21a	137.51a	48.08a	
2	139.7ab	102a	1 528a	15a	13.73ab	133.84a	44.08a	
3	165.7a	94ab	1 521.8a	14.75ab	13.28ab	120.9ab	35.73ab	
4	134.3ab	85.8abc	1 475.5a	14.65ab	13.13ab	119.26ab	35.53ab	
对照	100.7b	60.2cd	1 395.3ab	13.89ab	12.09c	114.72b	30.41b	

注:①各时期施肥基本处理。现蕾期(2月)——氮39%+氧化镁26.3%+锌6.4%+硫22.4%等,各元素纯含量共施1.56 kg。开花幼果期(3—4月)——氮20.96%+五氧化二磷15.02%+氧化钾21.4%+氧化钙12.95%+氧化镁10.65%+二氧化硅17.3%+硼1.7%等,各元素纯含量共施3.474 kg。果实膨大期(5—7月)——氮35.1%+五氧化二磷8.3%+氧化钾16.9%+氧化钙20.6%+氧化镁7.4%+二氧化硅11.8%等,各元素纯含量共施4.247 kg。壮果充实期(8月至10月初)——氮25.3%+五氧化二磷13.5%+氧化钾14.7%+氧化钙14%+氧化镁11.6%+二氧化硅18.6%+硫2.3%等,各元素纯含量共施8.596 kg。
②配方1——磷肥是用磷矿粉+3%氨化木质素,并在开花幼果期和汁胞充实期(又是花芽分化期)分别喷施表5-4的叶面肥。配方2——磷肥是用磷矿粉+3%氨化木质素,并在开花幼果期和汁胞充实期分别喷稀土。配方3——磷肥是用钙镁磷肥,并在开花幼果期和汁胞充实期分别喷施表5-4的叶面肥。配方4——磷肥是用过磷酸钙,并在开花幼果期和汁胞充实期分别喷施表5-4的叶面肥。对照——为该果园的习惯施肥。
③同一项中不同字母者表示经数理统计的SSR检验,差异显著($P<0.05$)。

从表5-15的结果可以看出，代表河流冲积物母质的丙村镇人和村尤鱼坝柚果园，采用4个专用肥配方的试验柚树均可显著提高产量和果实品质，其中平均果数比对照提高了22.1%～63.3%，比上年增加果数（即试验当年每株的果数减去试验前每株的果数）比对照增加35.8%～134.5%，单果重比对照增加160～401 g/个（增加12.3%～30.9%）。品质指标中的果汁可溶性固形物含量比对照增加0.51～1.39个百分点，总糖含量比对照增加0.97～2.08 g/100 g，维生素C含量比对照增加4.72～16.69 mg/100 g。

表5-15　梅县丙村镇人和村尤鱼坝柚果园1999年施用不同专用肥配方的试验结果

配方号	产量指标			品质指标				糖酸比
	平均果数/（个·株$^{-1}$）	比上年增加果数/（个·株$^{-1}$）	单果重/（g·个$^{-1}$）	可溶性固形物/%	总糖/[g·(100 g)$^{-1}$]	维生素C/[mg·(100 g)$^{-1}$]	柠檬酸/[g·(100 g)$^{-1}$]	
1	104a	68.7a	1 697a	12.43a	11.39ab	109.96b	0.314a	36.3ab
2	85ab	49.2b	1 542b	12.55a	11.87a	118.09a	0.284a	41.8a
3	78.3ab	47.5bc	1 469bc	12.01ab	10.92b	107.96bc	0.301a	36.3ab
4	77.8b	39.8bc	1 456bc	11.67bc	10.76bc	106.12bc	0.364a	29.6bc
对照	63.7c	29.3c	1 296d	11.16cd	9.79c	101.4c	0.359a	27.3c

注：①各时期施肥基本处理和配方同表5-14。
②同一项中不同字母者表示经数理统计的SSR检验，差异显著（$P<0.05$）。

（二）沙田柚施模拟专用肥的中试示范效果

1. 沙田柚模拟专用肥简介

沙田柚模拟专用肥是根据在沙田柚商品生产基地进行的小区试验研究结果，针对梅县柚园土壤特点及梅县沙田柚营养需求特性，

专门研制的专用颗粒型复（混）合肥料，并经中试检验效果显著。它依照梅县沙田柚生长发育和品质提高所需的营养因子而设计，营养元素齐全，配比合理，有分别适合各特定生育期施用的沙田柚稳果壮果专用肥和壮梢促花专用肥2个品种，稳果壮果肥是在5月至9月初施用，壮梢促花肥是在采果前后至4月施用。该肥除含有适合于沙田柚一定时期生长所需的氮、磷、钾三要素外，还含有适合于沙田柚一定生育期提高柚果品质所需的适量中量元素和微量元素等，以及含有能控释氮素和减少磷肥被固定的特种成分——有机活化控释剂。

2. 沙田柚模拟系列专用肥的中试示范

为了进一步验证沙田柚模拟系列专用肥（包括壮梢促花肥和稳果壮果肥）的效果，笔者在梅县6个镇的6个点进行了较大范围的中试示范，进行示范的果园土壤分别有砂页岩和花岗岩发育的赤红壤、河流冲积物发育的潮沙泥土、紫色砂页岩发育的紫色土；地形分别有平坦的河滩地（如丙村）、坡度平缓的缓坡山岗地（南口、石扇）、地形较陡峭的斜丘陵岗地（如雁洋、城东、程江）。每个点进行20亩试验，其中10亩施用模拟专用肥，10亩施用普通肥作为对照。

壮梢促花肥和稳果壮果肥的连续施用示范只在南口镇龙塘村孙氏果园进行，稳果壮果肥的中试还分别在雁洋镇南福村黄氏果园、石扇镇中和村章氏果园、城东镇竹洋村张氏果园、程江镇槐岗村黄氏果园、白官镇新联村陈氏果园和丙村镇人和村廖氏果园进行了示范，各个示范点均按照要求进行施肥。

3. 沙田柚模拟系列专用肥的示范应用效果

示范试验效果见表5-16和表5-17。调查结果表明，在6月至7月初即中后期施用稳果壮果专用肥，雁洋点增加商品果25.7 kg/株、石扇点增加商品果44.1 kg/株、城东点增加商品果38.2 kg/株、程江点增加商品果22.7 kg/株、丙村点增加商品果35 kg/株,各点平均增产幅度为27%～90%,平均增产61.4%。在采果前的现场随机抽样检测,果实的可溶性固形物含量平均值比普通施肥区提高1.06个百分点,柚果单果重、果肉的口感均比普通施肥区好,果实的外观(果皮的光滑程度)、果肉的化渣程度、树势、叶片色泽和叶片厚度等方面均优于普通施肥区。

表5-16 各示范点施用红棉牌金柚专用肥对金柚产量、农艺性状的效果

示范地点	产量指标				农艺性状及外观	
	平均商品果数/(个·株$^{-1}$)		单果重/(g·个$^{-1}$)			
	专用肥	普通肥	专用肥	普通肥	专用肥	普通肥
南口	108	60	1 258	1 110	果皮光滑,色泽较好,树势较好,柚果大小较均匀	果皮较粗糙,色泽较差,柚果大小不均
雁洋	96.7	91.5	1 240	1 030	果皮光滑,果较大,叶片较少出现黄斑	果皮较粗,出现黄斑的叶片较多
石扇	107.2	72.4	1 245	1 235	叶色较浓绿,较少黄斑叶	叶色泽较差,较多黄斑叶
城东	102.8	80.2	1 315	1 210	果皮较光滑,色泽较好,叶色较浓绿	果肉汁较少,果皮较粗糙,叶色稍差
程江	41.6	23.3	1 150	1 076	果皮较薄,叶色较浓绿	果皮较厚,叶片较薄
丙村	77	51.8	1 237	1 163	果皮较光滑,叶片较厚	果皮较粗糙,叶片出现缺素斑较多

而全期施用壮梢促花专用肥和稳果壮果专用肥的南口示范区效果更为明显,比普通施肥区增加商品果69.3 kg/株,产量提高104%,柚果的可溶性固形物含量也比普通施肥区的高2个百分点,果的大小均匀度、外观和口感均较好,影响来年产量的柚树树势、

叶片色泽、叶片厚度等均较好。另外在中期施一两次专用肥（混施）的柚果商品产量也比普通施肥区的高8.1%。

表5-16和表5-17的结果还表明，施了稳果壮果专用肥的柚果单果重、果皮光滑度、果肉化渣程度、果汁含量、口感、树势、叶色等方面均优于普通施肥对照，各种普通施肥对照分别代表了不同品牌的复合肥。而全期施用壮梢促花专用肥和稳果壮果专用肥的南口示范点，其柚果产量和树势方面的提升效果最为明显。

4. 使用沙田柚专用肥的经济效益估算

（1）使用沙田柚专用肥配方的经济效果评价

从表5-18可以看出，在两个不同施肥水平的果园使用配方施肥，均可收到良好的经济效益。由于使用专用肥配方的处理，其投入与产出之比均大于该果园的对照区（习惯施肥法），如按增加收入的最低数（76元/株）计算，每亩22～32株沙田柚计算，每亩可增加收入1 672～2 432元。

表5-17 金柚专用肥在梅县中试示范6个果园的调查和柚果分析结果

地点	处理	口感	叶片厚/mm	果皮厚度/mm	可溶性固形物/%	总糖/[g·(100 g)$^{-1}$]	维生素C/[mg·(100 g)$^{-1}$]	柠檬酸/[g·(100 g)$^{-1}$]
城东	专用肥区	果肉汁较多	0.71	11.5	11.37	10.39	77.91	0.251
	普通肥区	果肉汁较少	0.61	15.83	10.3	9.3	67.26	0.219
丙村	专用肥区	肉质化渣,口感较好	0.63	15.12	10.8	8.9	88.07	0.295
	普通肥区	肉质较硬,口感较差	0.57	19.88	9.7	7.85	76.21	0.224
石扇	专用肥区	肉质较脆,清甜	0.72	17.04	12	10.09	79.6	0.229
	普通肥区	肉质较硬,味较淡	0.62	18.52	9	8.29	64.36	0.275
程江	专用肥区	果肉化渣,清甜,口感较好	0.65	16.12	13.2	11.1	100.17	0.248
	普通肥区	果肉稍有苦味,果汁较少	0.6	17.24	11.8	8.52	73.27	0.22
雁洋	专用肥区	肉质较化渣,汁较多	0.69	14.6	11.3	9.56	82.51	0.255
	普通肥区	肉质带苦,汁较少	0.62	16.45	10.1	7.88	71.13	0.246
南口	专用肥区	肉质脆,化渣	0.79	16.16	11.7	10.57	75.49	0.268
	普通肥区	肉质较硬,带苦味	0.64	18.12	9.4	7.95	68.71	0.278

表5-18 在丙村镇使用沙田柚专用肥配方施肥小区的投入产出比

果园地点	施肥处理	无机肥料投入/(元·株$^{-1}$)	产果/(kg·株$^{-1}$)	柚果价格/(元·株$^{-1}$)	收入/(元·株$^{-1}$)	增加收入/(元·株$^{-1}$)	投入:产出
丙村镇人和村	配方施肥	7.89	113~176	2.2	248~387	76~215	1:(31.4~49)
	木园对照	6.69	82.6	2	172	—	1:25.7
丙村镇场村	配方施肥	21.49	198~226	4.2	831~949	269~387	1:(38.7~44.2)
	木园对照	22.8	140.5	4	562	—	1:24.6

注:无机肥投入是指全年施肥的投入,投入产出比计算中,为方便起见,均以计算无机肥的投入,因有机肥和劳力,对照和配方施肥两者一样,故未计算在内。

(2) 示范区施用模拟系列专用肥的优点及经济效益比较

由于模拟系列专用肥是根据上述一系列研究结果得出的配方而配制的2个品种的系列专用肥（即在5—9月施用的稳果壮果肥和在11月至翌年4月施用的壮梢促花肥），这些肥的氮、磷、钾配比合理，含有适量的中微量元素和肥料的活化控释剂，具有养分配比合理、养分种类齐全、供肥性能好的特点，还有增糖降酸、增产增收的效果。使用这种沙田柚专用复合肥，可避免农户自己配肥的盲目性和随意性，减少配肥的繁杂劳力，同时还可增加柚果产量和提高柚果品质。

从表5-19可以看出，在各个镇的果园示范区使用沙田柚专用肥，均可获得良好的经济效益，每株树增加收入51.8～252.3元，其投入产出之比均大于该果园的普通施肥对照区。以每亩25株沙田柚计算，则每亩可增收1 295～6 307.5元。示范效果及其经济效益与小区试验的效果相吻合，进一步证明了这种沙田柚系列专用肥的可行性。

第五章 沙田柚结果树的营养调控与营养管理

表5-19 使用沙田柚模拟专用肥的经济效益分析

示范地点	施肥处理	肥料价格/[元·(50 kg)⁻¹]	无机肥施用量/(kg·株⁻¹)	无机肥料投入/(元·株⁻¹)	商品果产量/(kg·株⁻¹)	柚果价格/(元·kg⁻¹)	收入/(元·株⁻¹)	比普通施肥增加收入/(元·株⁻¹)	相对投入产出比
南口	全期专用肥	70~75	18.5	28	135.9	2.8	380.5	252.3	1:14
	混施专用肥	—	16.15	19.17	72	2.5	180	51.8	1:10
	普通施肥	62~105	16.2	20.68	66.6	2.1	128.2	—	1:6.2
雁洋	专用肥	—	22+8.5	13.5+12.75	119.9	3	359.7	114.8	1:13.7
	普通施肥	90	22+4	13.5+7.2	94.2	2.6	244.9	—	1:11.8
石崎	专用肥	—	8.8+8.5	14+12.75	133.5	2.6	347.1	159.4	1:12.9
	普通施肥	80~100	8.8+7	14+10.2	89.4	2.1	187.7	—	1:7.7
城东	专用肥	—	9.1+7.5	12.4+11.25	135.2	3.1	419.12	157.22	1:18
	普通施肥	—	9.1+3	12.4+2.95	97	2.7	261.9	—	1:17
程江	专用肥	75~80	5	7.5	47.8	3	143.4	75.6	1:19
	普通施肥	—	5	7.5~8	25.1	2.7	67.8	—	1:9
丙村	专用肥	—	10.65+8.5	10.96+12.75	95.2	2.6	247.52	79.06	1:10.4
	普通施肥	103	10.65+6.5	10.96+8.26	60.2	2.3	168.46	—	1:6.9

注：①无机肥投入除南口是全年的无机肥投入之外，其他示范点是指7—9月施化肥的投入，因有机肥和劳力，对照和专用肥两者一样，故未计算在内；投入产出比中，为方便起见，均仅计算无机肥料的投入。
②表中2个数值相加表示两次的肥料施用量和肥料投入。

第六章
无核黄皮、沙糖橘和沙田柚的营养管理技术规程

科学的施肥管理是果树丰产、稳产的关键技术之一。果树生长发育习性差别很大,对肥料需求特性不同,因而生产中施肥种类、施肥时间、施肥量及施肥方法等技术细节的确定也应有所不同。本章分别介绍无核黄皮、沙糖橘、沙田柚的施肥和营养管理技术规程,为这几种果树的科学肥水管理提供参考。

一、无核黄皮施肥技术规程

(一)施肥要求

按照有机肥与无机肥相结合,基肥与追肥相结合,大量元素为主、合理补充中微量元素的原则实行平衡施肥。可根据无核黄皮各物候期需肥特性、土壤养分状况和肥料效应,通过土壤测试和田间肥效试验,确定相应的施肥量和施肥方法。提倡无机肥与有机肥配合施用。建议使用在当地经过田间肥效试验并经中间扩大试验证实显著有效的专用配方肥料、有机–无机复混肥料、生物有机肥、复合微生物肥料、经发酵腐熟并达到无害化指标的人畜粪尿等农家有机肥料。

(二)主要肥料种类

1. 有机肥

有机肥主要用作基肥,种类主要有精制有机肥料(商品有机肥)和农家肥(包括禽畜粪肥、堆肥、沤肥、厩肥、沼气肥、动物皮毛、麸肥等)。农家肥要沤制腐熟后才能施用,一般农家有机肥要自然堆沤2个月以上或加发酵菌经70℃堆积发酵7天以上,人畜粪尿须经50℃以上发酵7天以上方可使用。

2. 单质化肥

氮、磷、钾三种单质肥料，如尿素、过磷酸钙、硫酸钾等应与复合肥料配合施用，以调整养分比例。钙肥、镁肥、硼肥等中微量元素肥料，可根据土壤丰缺情况酌情施用。

3. 复混肥料和有机-无机复混肥料

包括氮、磷、钾三种养分中至少两种养分的无机肥料及有机-无机复混肥料，应针对无核黄皮具体物候期的营养需求特性与单质肥料配合施用，或施用养分平衡的专用配方肥料。

（三）田间营养管理

1. 间种和覆盖

在树盘外30 cm，可间种花生、黄豆、豆科牧草及白花草等。或在浅松土后，在离树干10 cm以外地面用杂草、禾草等覆盖树盘10～20 cm，可改良果园土壤，调节地表温度，改善果园小区气候，减少土壤水分蒸发，减少病虫害，促进土壤养分传递循环。

2. 松土除杂草

周年在夏、秋、冬季和雨后土壤板结时松土除杂草4～5次，保持表土疏松，注意尽量不伤根。

3. 扩穴改土

一般在果树未封行前每年进行深翻改土。一般每年在9—10月进行，方法是先在株间、后在行间，进行扩穴、扩沟，每次位置轮换并外移。在原植穴滴水线之外，相向挖穴，长0.8 m以上，宽0.3 m以上，随树冠扩大而增长、增宽，深0.25 m。穴内施花生苗、豆苗、绿肥、杂草或鸡猪牛栏粪等有机肥，每亩2 500 kg。

（四）施肥技术

1. 土壤施肥方法

幼年树的水肥是在根前环状沟淋施或泼施，结果树的水肥、干肥是在树冠正投影边缘开弧形或环状沟或对称浅沟施，每次施肥位置轮换并逐渐外移。施水肥沟深10～15 cm、宽20～30 cm；施干肥沟深40～60 cm、宽40～50 cm。东西、南北对称轮换位置施肥，注意尽量少伤根。土面撒施的肥料应以造粒缓释肥为主。有微喷和滴灌设施的果园，可进行液体施肥。

2. 根外追肥

在不同的生长发育期，选用不同种类的叶面肥进行根外追肥，以补充树体对营养的需求，高温干旱期应按使用浓度范围的下限施用，果实采收前1个月停止根外追肥。

（五）幼年树施肥

1. 施肥时间

掌握勤施薄施原则，主要围绕促壮春梢、夏梢、秋梢，重点在发梢前15天、7天和梢顶芽自剪后各施1次。

2. 施肥数量和方法

无核黄皮幼年树施肥的总氮、五氧化二磷、氧化钾比例为1：（0.3～0.6）：（0.7～0.8）。施基肥是在定植坑的四周逐年挖沟（深40～60 cm×宽50 cm×长100 cm）施以绿肥、腐熟麸粪肥、猪牛粪、土杂肥等种类的有机肥（2 500 kg/亩）；追肥是以人畜粪尿为主，加适量复合肥。

水肥是在根前环状沟淋施，干肥是在树冠正投影外边缘开对称浅沟施，每次施肥位置轮换并逐渐外移。肥料以人畜粪尿、豆粕等有机肥为主，加适量化学肥料或无核黄皮专用肥。每株年施粪液或沼气液100 kg，一年生树配施氮、磷、钾肥，折合氮0.5 kg/株，包括基肥、扩穴、追肥则总氮1.5 kg/株；二年生、三年生树年用氮量0.6~0.8 kg/株，包括基肥、扩穴、追肥则总纯氮量为1.7 kg/株。施肥量由少到多，逐年增加。

（六）结果树施肥

1. 重点时期施肥

（1）壮梢期

整个壮梢期施肥的用氮量约占全年施氮量的45%。

在采果前10天至采果后10天或修剪期间重施一次促梢肥，以速效氮肥为主，磷钾平衡的专用复合肥和有机肥配合施用，干旱季节施肥应注意结合淋水，并结合施用植物生长调节剂或叶面肥。清园时地面撒施石灰，结合改土扩穴，选雨天施腐熟有机肥、火烧土、磷肥、钾肥、中微量元素肥等。

若促梢肥未施够时，于9月底前，可补施第二次秋梢肥，用氮量占全年施氮量的5%~10%。

（2）花芽分化期

约在12月下旬至翌年1月，即"大寒"前5天至后5天，施以氮肥为主的复合肥，并配施腐熟有机水肥，用氮量占全年施氮量的5%左右。

（3）壮花肥

在3—4月开花时，重施一次壮花肥，用氮量占全年施氮量的18%。若采果时未施微量元素，在此时要注意补充微量元素。

（4）稳果肥

进入幼果期至5月，在疏果期间，施低氮高磷钾的稳果肥，用氮量占全年施氮量的14%左右。

（5）壮果肥

6月底至7月初，在果实膨大至果实转黄期施优质低氮高磷钾的复合肥，配合充分腐熟的有机肥，用氮量占全年施氮量的2%左右。6月埋施适量充分腐熟的优质有机干肥，这既可起到果实汁胞充实、提高品质的作用，又可起促进果梢萌动的作用。该时期不得用纯氮肥，应适当补施磷钾肥。

2. 施肥数量

以腐熟有机肥为主，加适量氮磷钾三元化学肥料或无核黄皮专用肥。施肥量依树龄、树势、产量、土壤而定。土壤肥力中等的成年结果树，以单株挂果7～9 kg计，全年施无机氮590 g，总氮、五氧化二磷、氧化钾比例为1∶0.58∶0.93；其中壮梢期的氮、五氧化二磷、氧化钾比例为1∶0.4∶0.4，壮果期的氮、五氧化二磷、氧化钾比例为1∶0.8∶1.6。若不是施无核黄皮专用肥，还须另外补充硼、镁、钙、锌、硅等中微量元素。

3. 施肥方法

对于有机干肥，未完成改土的树，应结合深翻改土埋施；已完成改土的可开长40～50 cm、宽40～50 cm、深25 cm的浅沟埋施，逐年更换位置，不伤大根。有机肥应充分腐熟后才施用。其他时期施的无机肥，以浅沟施，或多点穴施或撒施，施前淋水湿润土层，施后覆土。有机水肥宜淋施。

二、沙糖橘施肥技术规程

（一）施肥原则

按照有机肥与无机肥相结合，基肥与追肥相结合，大量元素为主、合理补充中微量元素的原则实行平衡施肥。可根据沙糖橘各物候期需肥特性、土壤养分状况和肥料效应，通过土壤测试和田间肥效试验，确定相应的施肥量和施肥方法。

（二）主要肥料种类

有机肥、单质肥料和复混肥料及有机–无机复混肥料均可参照无核黄皮。

（三）田间土壤营养管理

1. 间种和覆盖
可参照上一节的无核黄皮。

2. 扩穴改土
幼年树一般在8—9月进行，成年结果树一般在1月进行。方法是先在株间、后在行间，进行扩穴、扩沟，每次位置轮换并外移。在原植穴滴水线之外，相向挖穴，长0.8 m以上、宽0.3 m以上，随树冠扩大而增长、增宽，深0.3 m。穴内施花生苗、豆苗、绿肥、杂草或鸡猪牛栏粪等有机肥，每亩2 500 kg。

3. 松土除杂草

周年在夏、秋、冬季和雨后土壤板结时松土除杂草4～5次,保持表土疏松,注意尽量不伤根。

(四)施肥技术

1. 土壤施肥方法

幼年树的水肥是在根前环状沟淋施或泼施,结果树的水肥、干肥是在树冠正投影边缘开弧形或环状沟或对称浅沟施,每次施肥位置轮换并逐渐外移。施水肥沟深10～15 cm、宽20～30 cm;施干肥沟深30～40 cm、宽40～50 cm。东西、南北对称轮换位置施肥,注意尽量少伤根。土面撒施的肥料应以造粒缓释肥为主,施后尽量及时盖土。有微喷和滴灌设施的果园,可进行液体施肥。

2. 根外追肥

在不同的生长发育期,选用不同种类的叶面肥进行根外追肥,以补充树体对营养的需求,高温干旱期应按使用浓度范围的下限施用,果实采收前1个月停止根外追肥。

(五)幼年树施肥

1. 施肥时间

以勤施薄施为原则,围绕促壮春梢、夏梢、秋梢、冬梢,重点在发梢前7～15天各施2次肥。

2. 施肥数量和方法

沙糖橘幼年树施肥的总氮、五氧化二磷、氧化钾比例为1:(0.4～0.5):(0.6～0.7)。施基肥是在定植坑的四周逐年挖沟(深30 cm×宽50 cm×长100 cm)施以绿肥、腐熟麸粪肥、猪牛粪、土杂肥等种类的有机肥（2 500 kg/亩）；追肥是以人畜粪尿为主，加适量复合肥。

水肥是在根前环状沟淋施，干肥是在树冠正投影外边缘开对称浅沟施，每次施肥位置轮换并逐渐外移。肥料以腐熟的人畜粪尿、豆麸、花生麸等有机肥为主，加适量化学肥料或沙糖橘专用复合肥。每年每次配施氮、磷、钾肥，包括基肥、扩穴、追肥，一年龄的树年施总氮量150 g/株，二年、三年龄的树年施总氮量200~300 g/株，按春梢、夏梢、秋梢、冬梢各2~3次施用。施肥量由少到多，逐年增加。

（六）成年结果树施肥

1. 施肥时间（重要物候期）

（1）采果后肥

采果后肥施肥量占全年施肥量的30%。在12月下旬至翌年1月下旬，在采果后重施一次促梢肥，以速效氮肥为主，磷钾平衡的专用复合肥和有机肥配合施用，干旱季节施肥应注意结合淋水，并结合施用植物生长调节剂或微量元素等叶面肥。清园时地面撒施石灰，结合改土扩穴，施腐熟有机肥、磷肥、钾肥、中微量元素肥等。

（2）春芽花蕾肥

春芽花蕾肥施肥量占全年施肥量的10%。在3月中下旬开花时，施一次壮花肥，以速效氮肥为主，磷钾平衡的专用复合肥和充分腐熟的有机肥配合施用。若采果后未施微量元素肥，在此期要注意补充微量元素。

（3）谢花小果肥

谢花小果肥施肥量占全年施肥量的10%。在5月中下旬的幼果期,施一次稳果肥,以氮磷钾平衡的专用复合肥和充分腐熟的有机肥配合施用。注意补充微量元素。

(4)秋梢肥

秋梢肥施肥量占全年施肥量的35%。在7月下旬的果实膨大期,施一次促梢壮果肥,以氮磷钾平衡的专用复合肥配施充分腐熟的有机肥,同时注意补充微量元素等叶面肥,这既可促壮秋梢,又可促进果实膨大,起到梢果联动作用。

(5)花芽分化肥

花芽分化肥施肥量占全年施肥量的15%。在10月下旬的汁胞充实期,施一次以磷钾肥为主的稳果促芽肥,这既可起到果实汁胞充实、提高品质的作用,又可促进花芽分化。

2. 施肥数量

以腐熟有机肥为主,加适量氮磷钾三元化学肥料或沙糖橘专用复合肥。施肥量依树龄、树势、产量、土壤而定。土壤肥力中等的成年结果树,以单株挂果约40 kg计,全年施无机氮400 g,总氮、五氧化二磷、氧化钾比例为1:(0.5~0.6):(0.9~1),可分壮梢肥和壮果肥两个配方,壮梢肥在采果后至4月分2次施,其用氮量占全年施氮量的53.9%,且氮:五氧化二磷:氧化钾为1:0.29:0.57;壮果肥在7月至11月分2~3次施,其用氮量占全年施氮量的46.1%,且氮:五氧化二磷:氧化钾为1:0.5:1.12。另外还须补充硼、镁、钙、锌、钼等中微量元素。

3. 施肥方法

对于有机干肥,未完成改土的树,应结合深翻改土埋施;已完成改土的可挖长40~50 cm、宽40~50 cm、深30 cm的浅沟埋施,逐年更换位置,不伤大根。有机肥应充分腐熟后才施用。其他时期施的无机肥,以浅沟施(深10~20 cm),或多点穴施或撒施,施前淋水湿润土层,施后覆土。有机水肥宜淋施。

三、沙田柚优质高产的土壤改良与施肥及修枝剪梢技术

为使沙田柚优质高产，特别是提高品质，提高种植沙田柚的经济效益，实现沙田柚种植的可持续发展，进行科学种植是非常迫切和必要的。通过几年在梅州柚园的土壤作物营养与施肥试验研究，结合梅州当地生产实际，本节就沙田柚种植如何实现优质高产的问题，提出柚园土壤改良、培肥地力、施肥和修剪控梢的一整套栽培技术措施，为沙田柚的种植提供科学的指导。

（一）柚园土壤改良与管理

土壤管理的目的是熟化土壤，建造深厚、疏松、肥沃的柚园土壤。创造适合沙田柚根系生长发育且良好的水、肥、气、热的环境条件，是保证沙田柚早结、丰产、稳产、长寿的关键措施。熟化土壤的有效措施是：深翻压绿改土，增施有机肥，合理施用石灰，降低土壤酸度，种植绿肥和地面覆盖，创造良好的排水和灌水条件，中耕松土、培土，等等。

沙田柚是一种多年生常绿果树，树形高大。沙田柚根系的功能是固定地上部分，从土壤中吸收养分和水分，通过呼吸作用合成和贮存有机物质。沙田柚根系分布深而广，由主根、侧根、细根和须根组成，主根和大侧根是根系的骨架，支撑着整个地上部分；侧根再生的细根和须根，是沙田柚主要的吸收器官，称为营养根。强大的水平根网是早结丰产的基础，故应十分重视种前的开穴、厚肥和种后的深翻改土，才利于水平根网的及早形成，这是山地柚园早结

丰产的关键。若在沼泽地上开园，则要经深翻晒白后开沟作畦，并分年改土作墩。

了解根系的生物学特性和活动规律，有利于我们制订合理的改土施肥计划，提高肥料利用率，取得较高的效益。

1. 深翻扩穴改土

土壤是沙田柚根系活动的场所。深翻扩穴改土是培肥柚园土壤的主要措施之一，是土壤管理的中心环节，在深翻的同时，结合施有机肥，才能达到改土的目的。深翻改土以每年7—9月较适宜，因为此时期内，土壤温度适合新根系的生长。成年树果园则在采果后进行改土。应在定植坑外树冠的外围逐年挖深80 cm、宽60～80 cm、长100 cm的施肥沟，改土的材料用量一般以挖穴（沟）的体积计算，放足绿肥或草肥75～100 kg/m^3，堆肥或厩肥20～25 kg/m^3，石灰1～1.5 kg/m^3，每株树另加花生麸1～3 kg/m^3。

绿肥等肥料和客土分3～4层放，可隔年或隔行轮换位置挖，除去砂石，施入绿肥和有机肥等肥料，和上下土层调换，坚持改土。深翻时可适当伤根，但应注意损伤的根不要超过10%～20%。若遇干旱，要暂停改土。

2. 适时中耕培土、地面覆盖

果园中耕，特别是在大雨后及时中耕，能疏松表土，破坏土壤毛细管作用，减少土壤蒸发；但在暴雨前夕不宜中耕，以免肥沃表土流失。一般柚园每年中耕3次左右为宜，间种绿肥的柚园，在行间可间种绿肥不中耕，而株间则采用浅耕或化学除草。中耕深度一般在10～15 cm，越近树干，中耕越浅，以免伤根太多。

培土宜在冬季进行，培土前先进行中耕松土，使表土疏松，同时全园撒施石灰。土层薄的应进行客土的培土，以增加土层厚度，为根系生长创造良好的土壤环境。黏土以砂土为客土，砂土以黏土为客土，可选择较肥沃土壤或塘泥、垃圾等作为客土。

3. 合理间作、广种绿肥

果园早期间作，可解决深翻改土时有机肥料的肥源问题，又能增加收入，达到以短养长、以园养园的目的，同时间种作物还能起到覆盖作用，改善柚园微生态环境，保持水土，改善土壤理化性状，稳定土温，防止水土流失，提高土壤肥力。间种作物应是半年或一年生矮生作物，粗生易管，以产量高、氮磷钾等元素含量丰富、矮干浅根、速生快长、较耐阴、不易传播病虫害为原则。间种作物与果树要保持一定距离，一般在树冠滴水线外35 cm的空隙地间种。

4. 园地水分管理

水分是关系到树体和果实生长发育的重要因素，肥料等营养物质只有在有水的情况下才能溶解和被利用，所以肥、水是不能分割的。水分既不能多，也不能少，其要依据物候期的不同要求和气候、土壤条件合理供应，从实际出发，搞好排与灌，因地制宜做到以下4点。

（1）春湿

春季要保持水分相对湿润，但水分偏多时，会引起新梢生长过旺，造成落花落蕾，水分过多还会引起烂根。

（2）夏排

夏季是台风暴雨季节，暴雨时要特别注意排水。沙田柚属于内生性菌根植物，喜欢生长在疏松、肥沃、湿润、通气性良好的土壤中，最怕长时间淹水，但雨少时又易受旱害，故既要注意排水又要适当灌水。

（3）秋灌

7—9月有2个需水量较大的时期：一是果实膨大期，此时气温最高，树体养分消耗最大，需水量也最大；另一个是汁胞充实期，这时气温也较高，树体中的养分消耗也大，需水量也大，故供水须充分。

(4)冬控

冬季是果实成熟、采收的季节,又是花芽分化时期,需水量逐渐降低,这时要适当控水,但不能过度,否则会引起严重落叶,影响翌年产量。

(二)柚园施肥

沙田柚栽培管理的经验,可归纳为"营养(肥料)是基础,授粉是关键,修剪要合理,病虫害防治要及时",其中把营养放在首位。

沙田柚是多年生常绿果树,年发梢次数多,挂果时间长,每年的生长发育结果须从土壤中吸收大量的养分,为了维持土壤的肥力,满足柚树生长发育结果的需要,必须对土壤养分进行补充,即施肥。但施肥要合理,以维持树体内各养分的平衡。

施肥原则是根据树龄、树势、产量施肥,以及根据肥料性质、气候、物候期、土壤条件施肥。

施肥的方法主要有根际施肥和根外追肥2种。根际施肥:一般有机肥宜深施,无机肥宜浅施。位置应在树冠滴水线向外处。方式一般有开对称长线沟、环状沟、放射沟、穴状施或撒施,也可在树冠幅内撒施,结合翻土洒水,或在雨后土湿时进行。还有灌水施肥,即把施肥和灌水结合起来,效果较佳。根外追肥:不能代替根际施肥,只能作为根际施肥的补充,多在花芽分化、谢花保果、开花结果和幼果形成期喷施微肥。根外追肥与湿度和温度有关,最适施肥温度是18~25℃,夏季高温季节要在阴天或晴天的早、晚施肥才利于树体吸收,避免树体被灼伤,还要注意肥料配制时的元素配伍与顺序,以免产生不溶性盐类沉淀而失去或降低肥效。加入农用增效剂(展着剂)可提高根外追肥的效果。

1. 幼年树施肥

沙田柚树定植后至开始结果前的3～4年为幼年期。幼龄沙田柚树的生长特点是营养生长旺盛，年发梢、发根次数多，生长量大。因此，一方面要培育强大的根系，促使根向深处稳扎，向四周扩展，以增大吸收面积，为植株生长打下基础；另一方面要促进各次新梢的抽生健壮，以迅速扩大树冠，同时培养牢固的枝干和良好的结构骨架，增加枝叶量，加速树冠构成，为早结丰产打下良好的基础，早日进入结果期。

幼年树施肥以勤施薄施为原则，重点在新梢期施氮肥。沙田柚幼年树施肥的总氮、五氧化二磷、氧化钾比例有：①1∶0.2∶0.6；②1∶0.3∶0.5；③1∶0.6∶0.8等。应因树、因土施肥，且第二年在第一年的基础上增施40%～60%。一般采用一次梢施三次肥，第一次在放梢前20～30天施催芽肥，定植2～8个月的施肥量是每株施稀腐熟麸粪水加5%～10%尿素液10～15 kg（以后逐步增加）；第二次在放梢前7～10天施壮芽肥，第三次在放梢后10～15天施壮梢肥。一般每年第一次的催芽肥宜施得重些，放梢后再依梢数量和转绿的快慢进行补肥和根外追肥，其目的在于促发整齐，使树体有一定数量和质量的新梢；幼年树一年可抽3～4次梢，即春梢、夏梢、秋梢，或春梢、早夏梢、迟夏梢、秋梢。对幼年树各次梢培育的好坏，关系到开始结果的早晚。春梢不粗壮，夏梢就不可能抽得多，依次类推。沙田柚以春梢为主要结果母枝，要培育好春梢，就要重施春梢肥。

幼年树施肥又分基肥和追肥两种。施基肥是在定植坑的四周逐年挖沟（深40～60 cm×宽50 cm×长100 cm）施以绿肥、腐熟麸粪肥、猪牛粪、土杂肥等种类的有机肥。追肥是以人畜粪尿加化学肥料为主，中微量元素如钙、镁、硼、锌等也要注意补足。随着树冠的扩大，施肥量应相应加大。最好是根据树的大小酌情施用沙田柚壮梢促花专用肥。

2. 结果树施肥

沙田柚定植后经过3～4年的枝梢生长，其树冠冠幅为2～2.5 m，初步形成一个圆头紧凑型树冠，可进入结果期。

一般沙田柚结果树施肥的总氮、五氧化二磷、氧化钾比例有：①1∶0.5∶0.9；②1∶0.45∶0.49；③1∶0.6∶0.8；④1∶0.5∶0.8；⑤1∶0.5∶0.7；⑥1∶0.5∶0.47等。沙田柚结果树的施肥量及比例应根据树龄、树势、生长时期、结果情况、所处土壤条件和肥料种类而定。

沙田柚专用肥或复合肥施用方法：在树冠叶下滴水线向外处开弧形或环状沟、东西或南北方向条沟，每次采用不同方向轮换位置，沟深7～10 cm、宽20～30 cm，注意尽量不伤根，用水或粪水淋湿沟后将肥均匀施于沟内，待肥渗透或水干后覆土。最好与各种有机肥配合施用。

根据沙田柚结果树的营养特性，应有4～6个主要施肥时期：

（1）现蕾肥（1—2月）

此期也是春梢初现期。此期的镁肥和锌肥施用量占全年施肥量的100%，无机氮肥占全年的25%，硫肥占全年的30%。每株分别施镁50 g、硫90 g、锌40 g。2月中旬和下旬分别施氮240～300 g/株。此期最好是施沙田柚壮梢促花专用肥1.5～2.5 kg/株。

（2）谢花肥（3—4月）

此期也是幼果形成期。无机磷肥占全年施肥量的23%，钾肥占全年的33%，有机水肥占全年的33%，钼肥和硼肥占全年的100%，其他各种微量元素肥占全年的80%，此外还须补充根外磷钾肥和微肥。每株分别在3月上旬根外喷施钼等微量元素肥。此期最好是施1～2次沙田柚壮梢促花专用肥，施肥量为4 kg/株，并配合喷施沙田柚专用叶面肥3次。

(3) 稳果肥（5月）

此期的微量元素肥施用量占全年施肥量的20%以上，无机氮肥占全年的13%，根外补充磷钾肥。最好是在5月上旬根外喷施磷钾肥；中旬每株撒施1 kg石灰；下旬施氮240~300 g/株。此期最好是施沙田柚稳果壮果专用肥1.5~2.5 g/株。

(4) 秋梢肥（6—7月）

此期是秋梢期又是幼果膨大期。此期的无机氮肥施用量占全年施肥量的50%，无机钾肥占全年的33%，磷肥占全年的15%，有机水肥占全年的16%。

此期最好是施沙田柚稳果壮果专用肥2.5~5 kg/株，分2次施下。

或6月上旬施35 kg有机水肥（含1 kg沤制过的磷肥）；中旬施氮240~300 g/株和钾210 g/株；下旬施氮240~300 g/株。7月上旬施氮240~300 g/株，中旬施氮240~300 g/株和钾210 g/株。

(5) 壮果肥（8—9月）

此期是壮果期又是果实汁胞充实期。此期的无机磷肥施用量占全年施肥量的60%以上，无机钾肥占全年的33%，硫肥占全年的70%。优质有机肥（如花生麸、腐熟禽畜肥、绿肥等）全在此期施（有些果园是在采果后施），有机水肥施用量占全年施肥量的51%。此期的肥料养分全面，以有机质为主，肥效长，也是全年的基肥。

此期最好是施沙田柚稳果壮果专用肥1.5~2.5 kg/株，施1~2次，9月是否施则看树势而定。

或8月上旬施35 kg有机液肥（含1 kg沤制过的磷肥）；中旬施25 kg有机水肥（与1 kg磷肥和3.5 kg花生麸混合发酵过）；下旬施钾158 g/株和硫65 g/株。9月上旬施25 kg有机水肥（与1 kg磷肥和3.5 kg花生麸混合发酵过）；中旬施钾1 570 g/株和硫650 g/株；下

旬施25 kg有机水肥（与1 kg磷肥和3.5 kg花生麸混合发酵过）。

（6）采果肥（10—12月）

有些果场在此期是不用施肥的，因已在9月前施足基肥，但传统方法是在采果后立即施下全年施肥量15%的肥，对挂果多的弱树还应施采前肥，并注意在采果前一个月施肥和采果后加强根外施肥。另一种方法是采前15天施含麸肥的有机水肥和尿素或复合肥，对果实多的树采后还要施一次肥，可喷施沙田柚专用叶面肥或0.3%磷酸二氢钾等。此期最好是施沙田柚专用复合肥的壮梢促花肥4～5 kg/株。

此期施肥的目的是为花芽分化准备营养物质，使果实采收后恢复树势，保护绿叶过冬，确保来年丰收。

（三）合理修剪控梢

合理修剪的作用，主要是合理配置主枝、副枝、侧枝，以利于光合作用，促进早结丰产，调节生殖生长与营养生长的平衡，利于积累养分，减少农药和养分消耗，提高果园效益等。若修剪不合理，作用则反之。

修剪时期分夏季和冬季，冬季修剪多在采果后的11月至翌年1月进行；夏季修剪是在春梢停止生长后到秋梢抽发前（5—7月）进行。

修剪的方法有：短截、疏枝、抹芽、摘心、环扎或环割、环剥、拉枝和断根等。

1. 幼年果树

幼年果树的修剪内容主要是抹芽控梢。

在放梢前短截夏梢，对新梢的萌发有明显的促进作用，一般在放梢前15～20天进行短截，每1条基梢须留4～5个芽眼，且只对弱枝短截，可以复壮枝条。但修剪要适度，过重的修剪也会影响植株的生长。春梢是主要结果母枝，一般不短截。要及时做好嫩梢的疏梢和摘心工作。

抹芽控梢方法：一般春梢生长较整齐，不用抹芽控梢。而对早吐的夏梢、秋梢，当嫩梢约4 cm长时，应及时抹除，掌握"去早留齐、去少留多"的原则，反复多次，每基枝留2~4条生势中等、分布均匀的新梢，把过强和过弱的都抹去，使大部分末级梢都有新梢萌发时才停止抹梢，以促进大量整齐健壮的新梢抽出。当新梢长至20~26 cm时，对部分强梢进行摘心，以抑制徒长性枝条，不让它们扰乱树形。

2. 结果树

结果树的修剪内容有冬剪，疏花，疏梢、疏蕊、短截，疏删，疏剪，抹除夏梢、秋梢和冬梢，疏果，环扎（环割），断根等。

（1）冬剪

在采果后至春芽萌动前15~20天时进行，主要是将枯死枝、病虫枝、果蒂枝和落地枝剪去，对弱树采取回缩修剪，目的是形成矮化紧凑、理想的丰产树形，调节果树生殖生长与营养生长的平衡，减少养分的消耗，同时减少病虫害的发生和农药的开支，以提高效益。

（2）疏花

在盛花期要疏花，原则是疏弱留壮，做法是"除头去尾留中间"，每枝条留2朵健壮花。目的是把将要形成的异形果去掉，仅留下果形好的果，以提高坐果率，并使养分集中，确保所留果的营养。

（3）疏梢、疏蕊、短截

当新梢长至8~10 cm时（立春至惊蛰期间）即开始疏梢，疏去过多、过密枝梢，顶部重点疏去最强和最弱枝，留中等枝，而中下部则留强枝，对过长的梢要把芽梢修剪短，留10~12片叶；对漏修剪芽梢造成的过长、徒长梢应截短；对漏疏梢形成的重叠枝、交叉枝应疏删；对中上部生长过旺、过密和过高的强枝进行疏剪，以削

弱营养生长和顶端优势，从而减少枝梢对养分的消耗。

（4）疏果

在4月下旬进行第一次疏果，疏去带虫果和畸形果；在5月中下旬进行第二次疏果，疏去畸形果、分布过于密集的果和特小果，以减少树体养分的消耗。

（5）环扎（环割）

通过环扎（环割），暂时切断光合作用生成的碳水化合物等物质通过韧皮部筛管往根部输送的通道，而使营养物质积累在枝、叶、花和果上，抑制根系活动，减少养分消耗，控制和调节过旺的营养生长，花和果实得到足够的养分，从而起到促进花和果实生长、保花保果及提高柚果品质的作用。

环扎一般在主干或主枝靠近基部的圆滑处用14~16号铁线扎一圈，并用铁钳把铁线拧紧，其松紧度以在铁线下的树皮有水渍出现，或铁线嵌入树皮1/3为宜。环割则是用普通电工刀或美工刀在主干或主枝靠近基部的圆滑处环割一圈，以割断树皮皮层（韧皮部）且不伤木质部为宜。做法是，第一次是在花期（目的是保果），要看树势，原则是壮的早扎（割），弱的迟扎（割），对壮旺树在盛花末期（3月中下旬）进行环扎（环割），树势一般的且花期遇连续阴雨时，在谢花期环扎，至4月底至5月初果径为6厘米以上时解环；第二次是在果实膨大期（8月下旬至10月上旬），对壮旺树和翌年初挂果的幼龄树进行环扎，至采果后解环。

（6）断根

在秋冬季，通过切断一部分水平吸收根，减少茎对水分的吸收，同时也减少了根对碳水化合物的消耗，从而提高树体营养液的浓度，有利于促进花芽分化。断根的方法是在树冠滴水线的位置挖沟，沟宽40~50 cm，深20~50 cm，视根系深浅而定。若断根促花与果园的深翻改土结合起来，则沟的长、宽和深度按照深翻改土的标准进行。

参考文献

丁效东，黄宁生，李淑仪，等，2012. 无核黄皮叶片镁硼的周年变化对产量和品质的影响［J］. 中国南方果树，41（4）：79-82.

丁效东，李淑仪，黄宁生，等，2012. 不同氮肥处理对无核黄皮秋梢生长和果实产量及品质的影响［J］. 北方园艺（23）：189-192.

甘廉生，唐小浪，2013. 广东柑橘志［M］. 广州：广东科技出版社.

广东省土壤普查办公室，1993. 广东土壤［M］. 北京：科学出版社.

郭英燕，姜远茂，彭福田，2003. 不同氮素水平对草莓氨基酸和蛋白质的影响［J］. 果树学报，20（6）：475-478.

黄建昌，李娟，肖艳，等，2010. 沙糖桔示范园土壤及植株叶片营养状况分析［J］. 仲恺农业工程学院学报，23（4）：16-19.

蒋万峰，崔永峰，张卫东，等，2005. 无核白葡萄叶内矿质元素含量年生长季内的变化［J］. 西北农林科技大学学报（自然科学版），33（8）：91-95.

解发，彭良志，淳长品，等，2012. 纽荷尔和清家脐橙果实大量矿质营养元素含量与累积变化［J］. 中国南方果树，41（1）：7-10.

李冬梅，魏珉，张海森，等，2005. 氮磷钾养分配比对温室土培黄瓜产量及品质的影响［J］. 华北农学报，20（3）：87-89.

李国良，姚丽贤，周修冲，等，2009. 沙糖桔平衡施肥技术研究［J］. 广东农业科学（4）：40-42.

李升锋，陈卫东，徐玉娟，等，2005. 无核黄皮的营养成分［J］. 食品科技（6）：96-98.

李淑仪，黄宁生，廖新荣，等，2012. '沙糖桔'结果树的营养需求特点研究［J］. 中国农学通报，28（19）：279-285.

李淑仪，黄宁生，廖新荣，等，2012. 郁南沙糖桔果园土壤营养状况及结果树叶片营养动态变化［J］. 中国南方果树，41（3）：20-25.

李淑仪，蓝佩玲，廖新荣，等，2002. 雷州桉树人工林下土壤磷肥活化效果及机理研究［J］. 林业科学研究，15（3）：261-268.

李淑仪，廖新荣，蓝佩玲，等，2003. 砂页岩赤红壤磷肥活化效果及其机理研究［J］. 生态环境，12（4）：456-461.

李淑仪，廖新荣，蓝佩玲，等，2003. 砖红壤磷的有效性研究［J］. 生态环境，12（2）：170-171.

李淑仪，廖新荣，蓝佩玲，等，2004. 沙田柚树施用活化磷肥的效果及机理研究［J］. 林业科学研究，17（2）：199-205.

李淑仪，廖新荣，王荣萍，等，2014. 节瓜的氮磷钾肥施用量研究［J］. 蔬菜（7）：19-29.

李淑仪，廖新荣，王荣萍，等，2014. 有棱丝瓜的氮、磷、钾适用量研究［J］. 长江蔬菜（20）：60-66.

林敏娟，徐继忠，陈海江，等，2005. 黄金梨叶片、果实中矿质元素含量的周年变化动态［J］. 河北农业大学学报，28（6）：23-27.

凌丽俐，彭良志，淳长品，等，2010. 赣南不同产量纽荷尔脐橙园叶片养分养状况分析［J］. 中国南方果树，39（5）：30-32.

鲁剑巍，陈防，王富华，等，2002. 湖北省柑橘园土壤养分分级研究［J］. 植物营养与肥料学报，8（4）：390-394.

鲁剑巍，陈防，王运华，等，2004. 氮磷钾肥对红壤地区幼龄柑橘生长发育和果实产量及品质的影响［J］. 植物营养与肥料学报，10（4）：413-418.

鲁如坤，2000. 土壤农业化学分析方法［M］. 北京：中国农业科技出版社：637.

陆景陵，2003. 植物营养学（上册）［M］. 北京：中国农业大学出版社：23-130.

彭福田，姜远茂，顾曼如，等，2003. 氮素对苹果果实内源激素动态变化与发育进程的影响［J］. 植物营养与肥料学报，9（2）：208-213.

全国土壤普查办公室，1992. 中国土壤普查技术［M］. 北京：农业出版社：87-111.

沈善敏，1998. 中国土壤肥力［M］. 北京：中国农业出版社.

王翠翠，樊小林，2009. 不同树龄砂糖橘幼果期果实养分的变化研究［J］. 福建果树（1）：11-14.

王荣萍，李淑仪，廖新荣，等，2007. 镁硼钼营养对苦瓜品质及产量影响的研究［J］. 土壤通报，38（6）：1243-1245.

王荣萍，李淑仪，廖新荣，等，2007. 铜钼硅营养对苦瓜产量和品质影响的研究［J］. 土壤，39（6）：928-931.

王荣萍，李淑仪，伍涛，等，2008. 无核黄皮叶片中矿质元素质量分数的年动态变化［J］. 浙江林学院学报，25（2）：200-205.

王荣萍，李淑仪，张育灿，等，2007. 在2种蔬菜土壤上铜钼硅对苦瓜产量和品质的影响研究［J］. 华中农业大学学报，26（1）：59-62.

王荣萍，廖新荣，李淑仪，等，2013．无核黄皮叶片养分含量和果实产量品质的关系［J］．华南农业大学学报，34（2）：132-136．

王序桂，李淑仪，廖新荣，等，2008．我国无核黄皮的研究现状及展望［J］．中国果树（3）：47-48．

王序桂，李淑仪，廖新荣，等，2008．无核黄皮叶片中铁锌营养的年周期变化及诊断［J］．北方园艺（9）：19-21．

王序桂，刘士哲，李淑仪，等，2007．氮磷钾养分用量和配比对无核黄皮产量及品质的影响［J］．内蒙古农业大学学报（自然科学版），28（3）：42-45．

徐胜光，廖新荣，李淑仪，等，2005．两种不同土壤上镁和微肥对豇豆营养品质和产量的影响［J］．南京农业大学学报，28（2）：59-63．

徐玉娟，肖更生，陈卫东，等，2003．无核黄皮果汁饮料生产工艺的初步研究［J］．食品工业科技，24（8）：67，95．

余红兵，王仁才，肖润林，等，2009．三峡库区部分柑桔园土壤营养状况的初步研究［J］．中国南方果树，38（2）：1-6．

庄伊美，王仁玑，谢志南，等，1995．柑桔、龙眼、荔枝营养诊断标准研究［J］．福建果树（1）：6-9．